JC総研ブックレット No.9

# 廃校利活用による農山村再生

岸上 光克◇著
小田切 徳美◇監修

# はじめに

## 本書の狙い

人口減少ひいては少子高齢化の進む農山漁村において、学校（本書では小中高校）の統廃合による廃校や転出などによる空き家の発生が問題となるとともに、その利活用に注目が集まっています。特に、学校は教育のみならず地域コミュニティーの拠点であり、地域住民（卒業生）にとっては愛着や様々な想いを持つ施設です。学校がなくなるということは、地域にとって大きな問題であり、簡単に受け入れられる問題ではないことから大議論が巻き起こります。学校は立地条件や施設としても十分な魅力を持ち、さまざまな可能性を秘めています。近年では、全国津々浦々で各地域がその特色を活かした廃校の多様な利活用がみられ、文科省「みんなの廃校プロジェクト」や財団法人都市農山漁村交流活性化機構（以下、「まちむら交流きこう」）「全国廃校ポータルサイト」などで、活用事例の紹介や取り組み主体間の交流も活発化しています。しかし、その主な活用用途をみると、転用制限を理由に公民館・資料館などの公共施設が多くみられることや運営資金の確保に苦慮するＮＰＯや任意組織の運営である事例が多くみられることなど必ずしも自立した取り組みにまで至っていないものも数多くみられます。さらに、文科省は、教育の質を高めるためとして、統廃合を加速させる新たな指針をまとめ、２０１４年度中にも全国に通知する方針を打ち出しており、今後も廃校は増える可能性が大きくなっています。取り壊してしまうのか、公共施設にするのか、地域づくりの拠点とするのか、廃校の利活用をどのように考えればいいのでしょうか。廃校利活用と言うと、「ハコモノ（いわゆる「廃校舎」）」に注目しがちですが、むしろ、重要なことは、そこを拠点として「地域づくり」を行うことではないのでしょうか。

実は、廃校利活用と地域づくりのプロセスは類似しています。地域の合意形成に始まり、行政との協議、活動資金の確保、持続可能な取り組み（組織と事業）の検討などです。もちろん、継続的に地域づくりに取り組み、廃校の発生しない地域となることが理想的ではありますが、決して容易なことではありません。廃校の発生する地域と真摯に向き合い、交流と経済活動拠点としての新しい役割をもたせることが重要となります。今回事例として取り上げる秋津野ガルテンは、廃校を地域資源のひとつとして考えるとともに、苦労に苦労を重ねた地域づくりの経験を廃校利活用に活かしました。

本書では、廃校利活用のプロセスをみることで、地域づくりの重要性を確認したいと思います。廃校利活用にとどまらず、地域づくりに関心のある人に読んでいただきたい。

## 4
## 本書の構成

そこで、本書では、以下の組み立てにしました。

Ⅰでは、これまでの学校と地域の関係、廃校の発生要因や廃校数の推移などの現状を把握するとともに、利活用までの道のり（手続き）を整理します。Ⅱでは、廃校の利活用用途の特徴について整理し、地域づくりの拠点としての利活用ポイントを指摘します。Ⅲでは、交流と経済の活動拠点として廃校を利活用し、地域づくりに取り組む和歌山県田辺市上秋津の取り組みを取り上げ、具体的な活動内容と詳細な展開過程を示し、廃校利活用までの厳しい道のりを振り返ります。Ⅳでは、廃校利活用を単なる遊休施設から地域づくりの拠点として利活用するためにはどのようにすればいいのか、そのポイントを整理します。Ⅴでは廃校利活用による地域づくりの方向性を考えてみたいと思います。

# I　廃校利活用と地域づくり

## 1　廃校の現状

### （1）学校と地域

これまでの学校と地域の関係（連携）をみると、「地域に開かれた信頼される学校づくり」、「地域全体で学校を支援する体制の構築」といった観点から、教育改革の柱のひとつとして推進されてきました。これまでもさまざまな施策が推進されており、地域の実情にあわせた学校と地域の取り組みもみられますが、その活動が形骸化している例や、人材面、財政面から活動の継続性・安定性に対する懸念などが指摘されており、今後の学校と地域の連携のあり方が議論されていました。その矢先、東日本大震災が発生しました。被災地の震災復旧に向けた動きは、その議論にも大きな衝撃を与え、教育分野からの学校と地域の連携にとどまらない「新たな学校と地域の関係」が今まさに問われています。その新たな視点として、「大人の学びの場」そして「地域づくりの核」となる学校が提唱されていますが、具体的な方策が見えない状況にあります。また、地域づくりの範囲が複数の集落や校区を有する小学校区と考えられていることからも学校と地域の関係は深いものであると考えられています。

一方で、人口減少にともなって学校と地域を取り巻く環境は悪化しています。特に、中山間地域を中心とする農山村（漁村を含む）においては、廃校の発生により学校（廃校）と地域の新たな関係が模索されています。つまり、廃校利活用が前述の「新たな学校と地域の関係」を実現させるための具体的な方策を見出す大きなヒントとなるのではないでしょうか。

### (2) 廃校を取り巻く環境

文科省は、「廃校とは、地域の児童生徒数が減少することにより、ある学校が他の学校と統合されたり、又は廃止されたりすることにより生じ、学校としては使わなくなること」と定義づけています。このような廃校が発生する背景をみると、都市への人口流出によって少子高齢化がもたらされた結果、相当数の学校が閉校し、廃校となっていることは想像がつきます。廃校の発生は、学校としての機能だけでなく、地域のシンボル(=「誇り」とも言えます)を失うことにもつながり、地域の衰退に一層の拍車をかける恐れがあります。一方で、廃校の発生するような全国の農山村においては苦労に苦労を重ね、創意工夫を凝らした地域づくりの展開もみられます。地域づくりにおける重要な要素として、「主体形成(暮らしのものさしづくり)」、「場の形成(暮らしの仕組みづくり)」、「持続条件の形成(カネとその循環づくり)」があり、その先に地域再生が実現されるといわれています。地域住民が主体となって、地域資源を掘り起し、それらを総合的に利活用することに加え、地域外(都市住民)との連携や行政支援の活用などで持続的な取り組みとすることであり、このような事例は数多くみられます。この地域づくりのプロセスは廃校利活用のそれと類似しています。

さらに2014年5月、「市町村消滅論」が発表されましたが、これに対して「どうせ消滅するのだから……」

と一部の地域にあきらめムードが漂ってしまうことが懸念されています。ここであきらめてしまうのか、それとも知恵と努力で地域再生を歩むのか、まさに地域は岐路に立たされているのです。これまでも幾度となく危機的状況を迎えた農山村ですが、今回はこれまでにも増して厳しい道のりとなることが予想されます。しかし、近年では、政策的に位置づけられた地域サポート人材や若者の田園回帰によって、農山村には今までにない逆風に立ち向かうことのできる追い風が吹いています。決して容易な道のりではありませんが、あきらめずに進みましょう。

今回取り上げる廃校も非常によく似た状況に置かれています。学校は教育の場としての役目を終え、廃校となりますが、災害時の避難場所や交流の拠点などとしての機能をもち、地域にとって重要な施設であることから地域に応じた多様な利活用がみられます。しかしその過程で地域の合意形成や施設整備の財源確保がうまくいかず、利活用をあきらめてしまう事例も少なくありません。また、2014年に入り、国が小中学校の統廃合に関する指針を見直し、学校統廃合を積極的に推進する方針を固めたことが、新聞（2014年7月29日付）で報じられました。今後、さらに発生するであろう廃校を利活用するのかどうか、まさに地域の選択にゆだねられています。同時に廃校問題も農山村に限ったものではなく、都市においても、都市化による住宅郊外移転、ベッドタウンや衰退した地場産業を抱える地域において児童生徒数の減少を理由に同様の問題は生じています。

このような状況のもとで、今回は農山村における廃校利活用をどのように考えればいいのかを詳細な事例分析からみることとします。

### （3）廃校発生の状況

図１の文科省（文教施設企画部施設助成課）資料（1）から発生件数をみると、２０１１年度には４７４校となっています。過去20年間で６９６３校が、何らかの方法で活用されている一方で、１２５９校（約30％）もの廃校施設が未だ活用が図られておらず、そのうち１０００校は利用の予定すらない状況となっています。また、現状では活用されていない廃校施設１２５９校のうち、利用計画がない理由は「地域等からの要望がない」が最も多く、次いで「建物自体が老朽化している」、「地域住民等と検討中」となっています。その背景として「財源が確保できない」や「活用方法がわからない」などの状況も大きく影響し

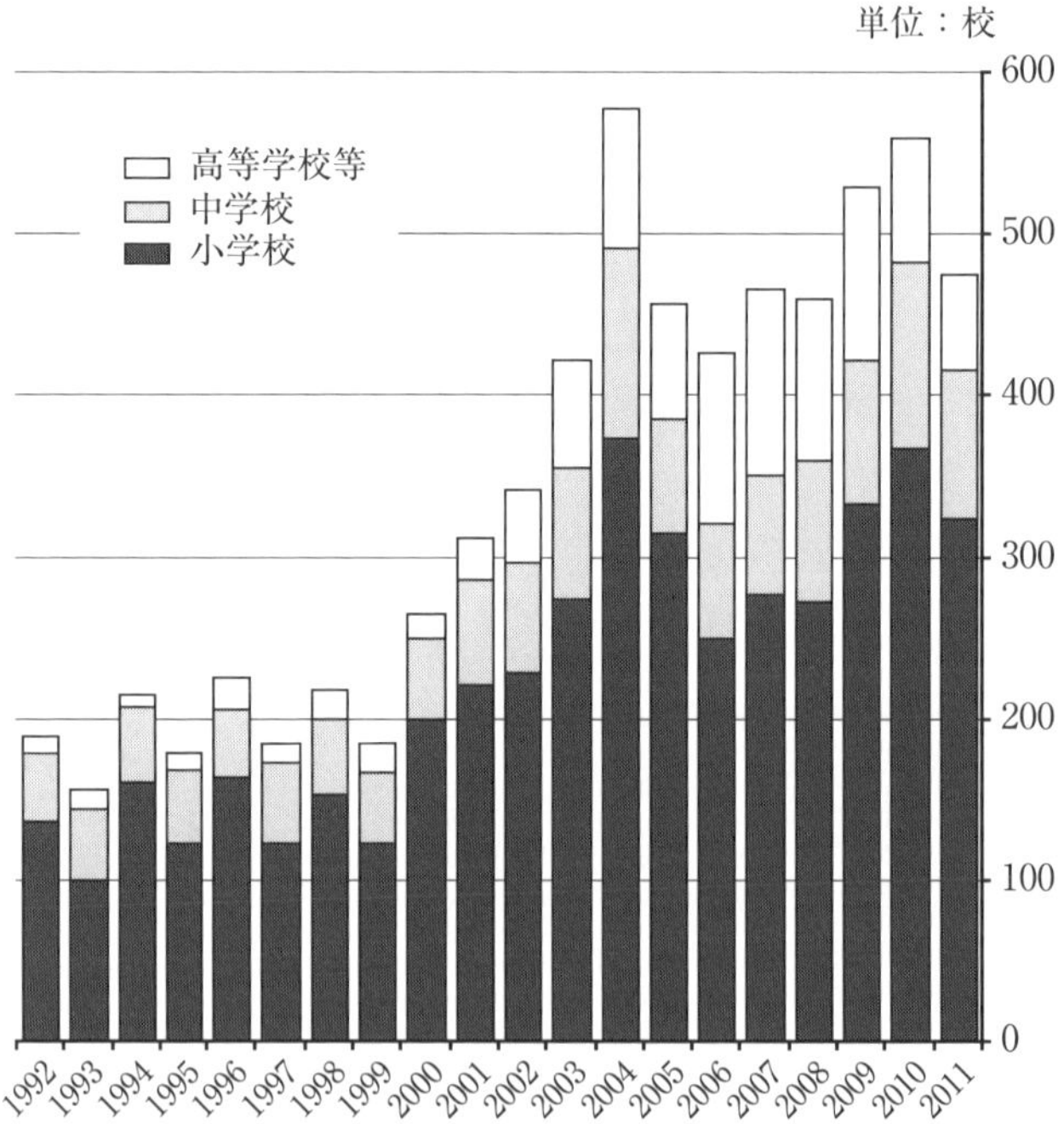


**図１　公立学校の年度別廃校発生件数**

資料：文科省文教施設企画部施設助成課提供資料

ていると考えられます。利用に関する地域住民からの意向聴取をみると、「実施していない」が848校（56％）と最も多く、「説明会等によるヒアリングを実施」したのは430校（28％）、「アンケート調査を実施」したのは102校（7％）となっています。

近年では、廃校利活用を促進させるために、文科省では、地方自治体のもつ廃校施設などの情報とNPOや民間事業者などの活用ニーズのマッチングを目的として「みんなの廃校プロジェクト」を展開しており、プロジェクトによって転用が決定した廃校施設も数多くあります。また、廃校利活用の際に最も問題となると言っても過言ではない転用施設の改修に関する補助金も文科省・農水省・厚労省・経産省など複数省庁から多数紹介されています。さらに、まちむら交流きこうでは、廃校利活用主体のネットワークを目的として「全国廃校フォーラム（2012～14年）」を実施しています(2)。この間、北海道から沖縄県までの全国各地において、計11回の「全国廃校活用セミナー」を開催し、個別の取り組みの現状や意義などについて議論を深めたうえで、全国フォーラムを実施しており、各主体間の情報共有や今後の展開方向についての共通認識の場となっています。

## 2　廃校利活用までの道のり

### （1）廃校利活用までの流れ

つぎに、廃校利活用の一般的な流れをみることとします（**図2**参照）。廃校の決定とともに、地元では地域住民の代表者で構成する検討組織を設置し、その保存や活用に対するあり方を検討し、地域の要望を取りまとめま

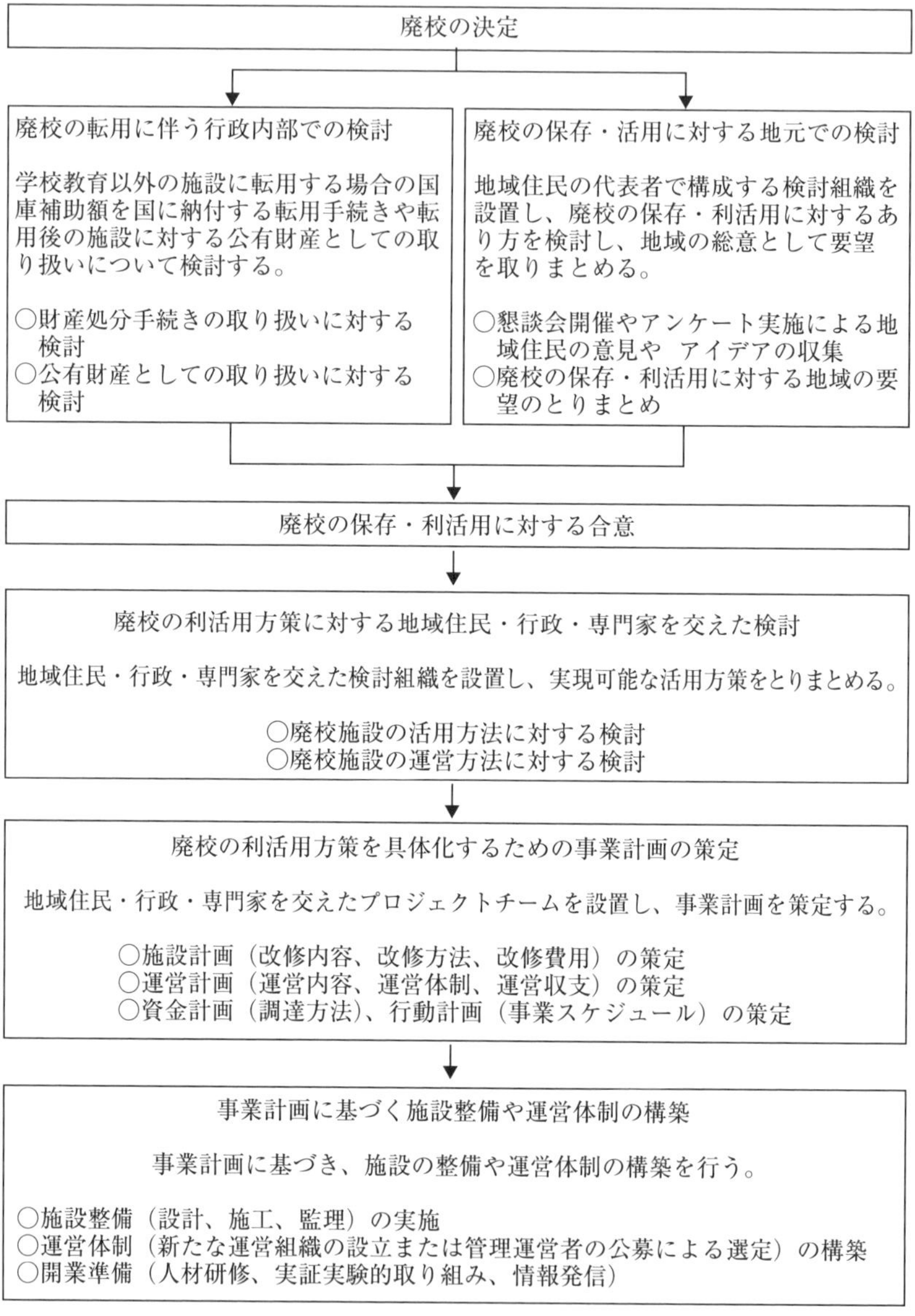


**図２　廃校発生から利活用までの流れ**

資料：まちむら交流きこう提供資料より作成

す。また、行政は学校教育以外の施設に転用する場合の国庫補助額を国に納付する転用手続きや転用後の施設に対する公有財産（行政財産や普通財産）としての取り扱いについて検討します。これらの決定によって、地域と行政の廃校利活用に関する合意となります。その後、地域住民・行政・専門家を交えた検討組織を設置し、実現可能な活用方策をとりまとめたのち、プロジェクトチームを設置し、施設・運営・資金・行動計画などの事業計画を策定します。そして、その各種事業計画に基づき、施設整備や運営体制の構築を行います。といったように活字にすると、とても簡単に利活用ができるように思えますが、現実の道のりは長く険しいものです。

廃校利活用のポイントをあげるとすれば、以下のとおりです。第1に、何より地域の合意形成です。多様化する地域住民の合意形成に粘り強く取り組むとともに、彼らが持つ技術や能力を把握し、持続可能な管理運営を実現させることが重要です。同時に、廃校利活用を具体的に進めていくに当たり、住民と行政との協働も必要不可欠となります。地域づくりという明確な共通目標のもと、「行政に依存しない」ではなく、「住民と行政が一体となった協働」によって廃校利活用を検討することが求められます。

第2に、利活用の用途決定（施設の使い方）です。地域活性化のために必要な利活用の用途（使い方）を決めることが重要です。地域にとってどのような廃校利活用が望まれているのかについて、地区懇談会の開催やアンケートなどを通じて地域住民のニーズを把握し、地域が望む活用方法を検討します。その整理に際しては、求めるものが地域にすでにあるのか、ないのかを含め、優先順位をつけて実現していくことが重要です。

第3に、施設の改修・整備資金の確保です。施設改修を行わず、そのまま活用できることが理想ですが、施設の改修・整備が必要となる場合が多くなります。具体的には、「施設の安全性（耐震補強の有無）」、「施設の規模や面積（改修に伴う建築基準法の許可）」、「中期的に修繕などが必要となるもの（屋根の防水、外壁の塗装、床や壁、内部設備）」、「加工部門および飲食レストラン部門新設に伴う設備（食品衛生法の許可）」、「宿泊部門新設に伴う客室などの整備（旅館業法の許可）」、「防火避難対策（消防法の許可）」などです。まずは、建築や構造、設備などに携わる専門家の意見をとりいれ、必要最低限どのくらいの費用がかかるのかを試算します。そして、施設の改修・整備のための資金をどのように調達するのか、国や地方自治体が支援する公的資金（施設整備などに係わる補助金）や民間資金（民間企業などからの拠出金）の活用について検討し、資金の調達方法を決めます。

### （2）廃校利活用における基本的な考え方

廃校利活用を進めるに当たって、理念などの基本的な考え方を整理するとともに、地域住民で共有することが重要となります。このことで、険しい道のりの途中で挫折したり、利活用の方向性を間違うことが少なくなります。まず、「何のために廃校を利活用するのか」という理念を明らかにし、地域で共有することが重要です。廃校の発生する地域は、少子化、高齢化、過疎化などの問題を抱え、自治活動や営農活動に支障をきたしている地域も少なくありません。廃校の利活用を契機として、本格的な地域づくりに取り組み始める地域も数多くあります。

次に、「なぜ廃校を利活用するのか」という活用に対する必要性を明らかにし、地域住民で共有することが大切です。学校は地域とともに歩み、多くの子どもたちを地域内外に輩出してきました。戦後復興の木材や資金不足のなかで、校区の良材や土地と資金や労力を提供し、学校を建設した例も数多く見られることから、多くの地域住民の想い出や記憶を共有しています。学校は単なる教育施設だけでなく、地域の「シンボル（＝「誇り」）」と言っても過言ではないでしょう。廃校を地域づくりの新たな拠点として利活用することは、地域の歴史や文化を継承し、地域を再生することにもつながります。加えて、建築的価値や景観的価値のある建物を保存し、活用することも意義のあることと言えます。何より廃校は地域資源のひとつであり、その利活用は地域づくりのための一手段であると理解することが重要なのです。

そして、廃校を利活用する際は、地域住民や行政、専門家などの参画による「地域ビジョンづくり」を通じて、地域の現状や課題を再確認し、地域資源の掘り起こしとその活用を図ることが重要です。なにより、廃校は地域づくりの拠点施設となるとともに、多様な地域住民の参画による新たな知恵の集結を生み出す可能性を秘めています。まずは、「なぜ廃校に至ったのか」ということを、地域が現実を再確認すること（地域を知ること）が必要です。自分たちが暮らす地域はどのような特性を持っているのかという、地域が持つ強みや弱みなどを明らかにし、その特性を再確認しましょう。このことは、わかっているようでわかっていない地域が多いはずです。また、地域には、廃校を含め自然・歴史・生活文化・産業などの資源があり、もう一度「地域資源とは何か」を考えるとともに、地域資源を掘り起こし、それらを利活用するための拠点とすることが大切です。

まちむら交流きこうが廃校施設（活用中、未活用問わず）を対象に行った調査によると、廃校利活用を進めるにあたって「地域の合意形成」が最も難しいとなっています。また、未活用施設については、「用途決定」が最も難しく、「施設整備の財源確保」、「地域の合意形成」、「廃校の耐震性確保」などが続きます。もっとも困難とされる地域での合意形成を乗り切り、利活用に踏み出した事例を確認してみましょう。

注

（1）文部科学省「廃校施設等活用状況実態調査について」2012年、『廃校施設の実態及び有効活用状況等調査研究報告書』2003年、『公立学校施設に係る財産処分手続の大幅な簡素化・弾力化』取扱通知2008年などを参照。

（2）詳細は、文科省（「みんなの廃校プロジェクト」）やまちむら交流きこう（「全国廃校フォーラム」、「全国廃校活用セミナー」など）のホームページを参照。

# Ⅱ　廃校利活用の特徴

## 1　廃校の主な利活用用途

これまでの廃校利活用には、校舎建設時に国庫補助金が関与し、転用の際に制限があることや、用途地域による制限などから、主に、行政による維持・管理・運営が行われてきました。そのため、社会教育施設などの公共施設へと転用する事例が多く見られました（公共施設であるために自治体は金銭的負担を強いられました）。2005年度に「地域再生法」が施行され、廃校活用に関わる規制が緩和されたなどの理由から、多様な運営主体や多彩な用途での廃校の新しい利活用が行われるようになってきました。

廃校利活用については、さまざまなケースが想定されますが、大きく3つに分類されます。1つ目は、行政が利活用する場合です。2つ目は、地元の要望を取り入れ、住民と行政との協働のもと事業化を行う場合です。これは、「公設民営（行政が施設を改修・整備し、地元で運営する）」もしくは、「民設民営（地元で施設を改修・整備し、地元で運営する）」となります。3つ目は、地域外の事業者を公募し、その施設の管理運営を委ねる場合ですが、これは行政が事業者を募集することとなります。地域づくりの観点から2つ目のケースが望ましいと考えられます。

まずは、文科省やまちむら交流きこうの報告書(1)などから利活用の実態を確認します（図3参照）。前述の

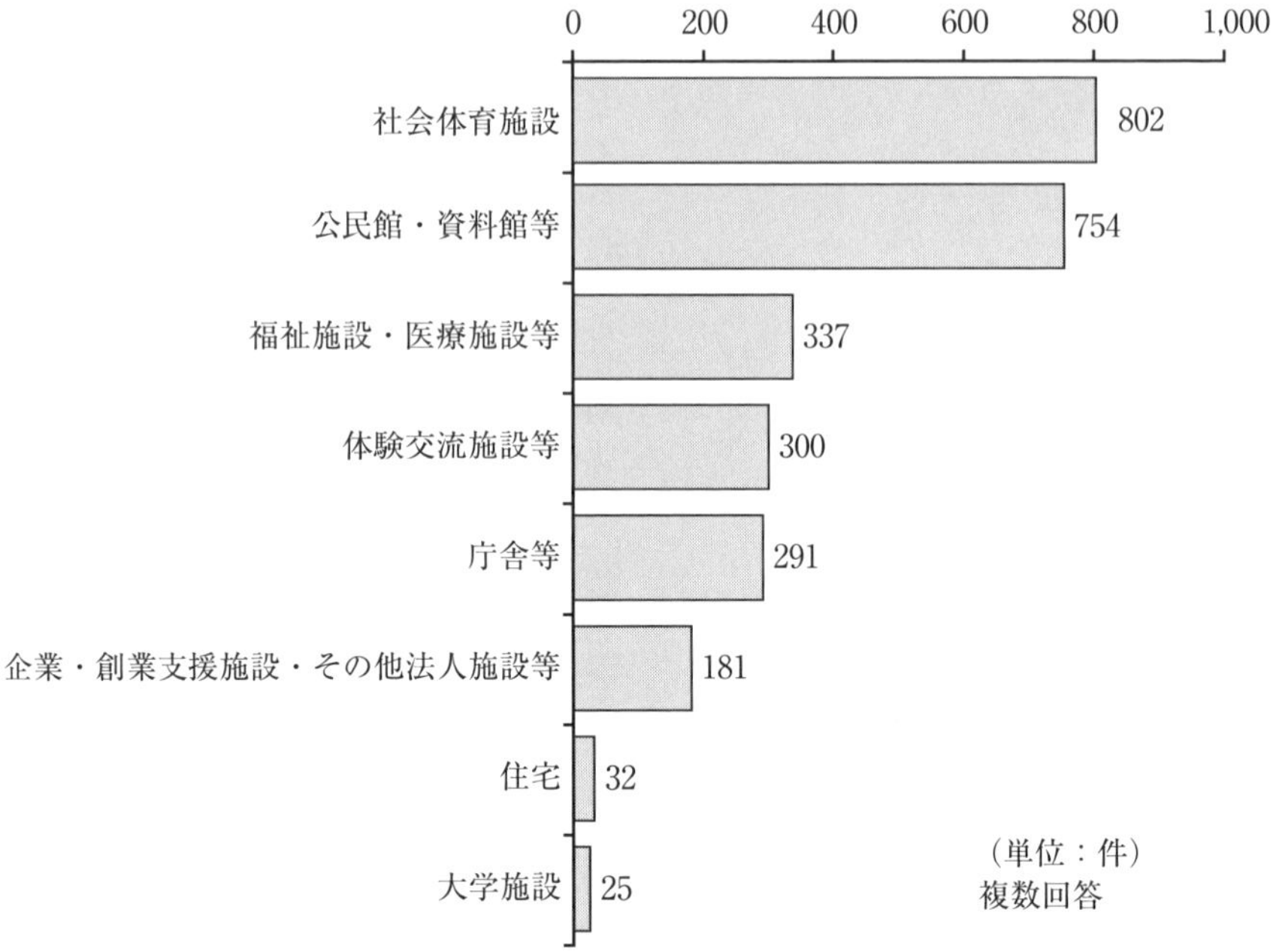


**図３　廃校後現存する建物の主な利活用用途**

資料：まちむら交流きこう提供資料より作成

とおり「社会体育施設（８０２件）」や「公民館・資料館等（７５４件）」など、主に教育委員会所管の施設としての利活用が多くなっており、次いで「福祉・医療施設等（３３７件）」、「体験交流施設等（３００件）」となっています。また、運営主体の組織形態をみても、「地方自治体」が最も多く、次いで「任意組織」、「民間企業」、「ＮＰＯ法人」などとなっています。所有と運営の主体は、①公共所有・公共運営、②公共所有・民間運営、③民間所有・民間運営の３つに大別され、社会教育施設などのほとんどが①となっている一方、その他の取り組みについては②となっています。直接に地域経済の活性化を目的とした利活用事例は少ないようにみえますが、自然体験などといった体験交流事業による「小さな経済」は実現されているようです。

廃校後の建物又は土地の活用方法は、①既存建物の活用（廃校となった校舎や体育館などの既存建物を改修し、他の用途として活用）、②新設建物の整備（既存建物を解体撤去、または校庭など空地部分を活用し、新たに建物を整備）、③土地の活用（既存建物を解体撤去した跡地や校庭などの土地を、新たな用途として活用）の３通りに大別されます。

廃校施設の整備にかかる費用の財源は、廃校理由別に以下のような特徴があります。過疎化や高齢化による廃校の場合、施設整備は公的資金に依存する傾向が強く、運営・維持管理も公的資金のみによって行われている事例が大半を占めています。一方で、都市化による廃校の場合、民間資金によって施設整備が行われている事例も少なくなく、比較的公的資金への依存が低いことが特徴となっています。

本書において施設の整備について詳細な記載は避けますが、次章以降で取り上げる事例の特徴を簡単にまとめると、利用状況や財源に応じて無理のないかたちで進めるということです。そうすることで、本当に必要なものが利用しやすい形で改修され、経費の節減にもつながります。例えば、秋津野ガルテンでは校舎すべてを利用するのではなく、残した校舎の１階のみを整備し順次２階を改修するとともに、南校舎・講堂・給食室などは取り壊し、残す校舎との景観を合わせるように宿泊施設と農家レストランを新規に建設しました。きくちふるさと水源村では傷んだ校舎を活動拠点とすることを目的に改修し、続いて食堂や宿泊棟、体育館などを新設しました。

## 2　廃校利活用の特徴

次に、ヒアリング調査や各種フォーラムへの参加から、具体的な取り組みとその特徴をみてみます(2)。多様な取り組みを簡単に分類すると、教育施設（埼玉県所沢市生涯学習推進センター、山形県金山町教育文化資料館など）、芸術文化施設（京都府京都芸術センター、新潟県絵本と木の実の美術館など）、福祉・医療施設（北海道室蘭市子ども発達支援センター、熊本県特別老人ホームなでしこの里など）、体験交流施設（高知県環境・文化センター四万十楽舎、熊本県なみの高原やすらぎ交流館など）、産業振興施設（三重県おわせ海洋深層水モクモクしお学舎、滋賀県ノエビア鈴鹿高山植物研究所）、定住促進施設（和歌山県籠ふるさと塾、徳島県上勝町営複合住宅など）、大学の地域貢献施設（金沢県能登半島里山里海自然学校、山梨県多摩川源流大学など）となっています。

「全国廃校利活用事例集―都市農村交流施設編―」（２０１２年）で特徴を確認すると、地域資源の掘り起こしを行い、自然体験や農作業体験などを提供するとともに、宿泊事業や飲食事業を行っています。また、任意組織やＮＰＯ法人が運営（行政からの指定管理）している事例が多くなっています（**表1**参照）。そのため、比較的低料金で提供することが多い自然体験などを事業の柱としている運営主体が多いため、廃校施設の指定管理を受けて経営を安定させている事例が多くなっています。しかし、このことは指定管理が切れてしまえば、たちまち経営難に陥る可能性を秘めています。そのようなか、持続可能な運営を目的として、農林水産物の販売事業や

表１ 廃校利活用までの道のり―都市農村交流施設―

| 名称 | 所在地 | 運営主体 | | 廃校年度 ① | 協議等開始年度 ② | 事業本格開始年度 ③ | 廃校から事業開始までの期間（③－①） | 交流人口（2010年度） |
|---|---|---|---|---|---|---|---|---|
| 秋津野ガルテン | 和歌山県 | 株式会社 | 行政より土地・建物を買い取り | 2006 | 2003 | 2008 | 2 | 60,000 |
| きくちふるさと水源交流館 | 熊本県 | NPO 法人 | 指定管理 | 2000 | 2000 | 2004 | 4 | 32,651 |
| 尾久保研修所みんなの館 | 福岡県 | 社会福祉法人 | 行政より土地・建物を買い取り | 2002 | 2005 | 2006 | 4 | 22,000 |
| ふるさと体験村四季の丘 | 石川県 | 株式会社 | 指定管理 | 1998 | 2000 | 2011 | 13 | 15,130 |
| ふれあいの里さかもと | 徳島県 | 任意組織 | 指定管理 | 1994 | 1995 | 2002 | 8 | 12,617 |
| 自然の宿くすの木 | 千葉県 | 自治会 | 指定管理 | 1995 | 1994 | 1997 | 2 | 12,521 |
| 四季の学校・谷口 | 山形県 | NPO 法人 | 行政より土地・建物を借り受け | 1996 | 1996 | 2005 | 9 | 12,120 |
| 星ふる学校「くまの木」 | 栃木県 | NPO 法人 | 指定管理 | 1999 | 1999 | 2002 | 3 | 10,378 |
| 中滝ふるさと学舎 | 秋田県 | NPO 法人 | 指定管理 | 2008 | 2008 | 2010 | 2 | 9,272 |
| ラーニングアーバー横蔵 | 岐阜県 | 有限会社・NPO 法人 | 行政より土地・建物を借り受け | 2004 | 2003 | 2005 | 1 | 8,250 |
| なみの高原やすらぎ交流館 | 熊本県 | 有限会社 | 指定管理 | 1999 | 2001 | 2002 | 3 | 7,832 |
| 朝日里山学校 | 茨城県 | NPO 法人 | 指定管理 | 2004 | 2008 | 2010 | 6 | 7,616 |
| エコビレッジかきのきむら | 島根県 | NPO 法人 | 指定管理 | 2004 | 2005 | 2006 | 2 | 6,731 |
| 黒松内ぶなの森自然学校 | 北海道 | 任意組織 | 行政より土地・建物を借り受け | 1998 | 1998 | 2002 | 4 | 5,899 |
| 王余魚沢倶楽部 | 青森県 | NPO 法人 | 行政より土地・建物を借り受け | 2006 | 2008 | 2011 | 5 | 5,500 |
| 宿泊体験交流施設月影の郷 | 新潟県 | 任意組織 | 指定管理 | 2001 | 2000 | 2005 | 4 | 4,923 |
| 清見里人学校 | 岐阜県 | 任意組織 | 指定管理 | 1974 | 1986 | 2007 | 33 | 3,500 |
| 綾部市里山交流研修センター | 京都府 | NPO 法人 | 指定管理 | 1999 | 2000 | 2006 | 7 | 3,292 |
| 環境・文化センター四万十楽舎 | 高知県 | 社団法人 | 指定管理 | 1999 | 1996 | 1999 | 0 | 3,000 |
| セミナーハウス未来塾 | 和歌山県 | 任意組織 | 指定管理 | 1985 | 1988 | 2009 | 24 | 2,259 |
| 汗見川ふれあいの郷清流館 | 高知県 | 任意組織 | 指定管理 | 2004 | 2006 | 2008 | 4 | 1,332 |
| 白神自然学校一ツ森校 | 青森県 | NPO 法人 | 行政より土地・建物を借り受け | 2003 | 2002 | 2003 | 0 | 800 |
| 白神ぶなっこ教室 | 秋田県 | 株式会社 | 行政より土地を借り受け | 2000 | 2002 | 2004 | 4 | 460 |
| 昭和ふるさと村 | 栃木県 | NPO 法人 | 行政より土地・建物を借り受け | 2006 | 2006 | 2009 | 3 | — |

資料：「全国廃校利活用事例集都―都市農村交流施設編―」（2012 年）まちむら交流きこう
注：網掛けは廃校発生の前年度より利活用の検討を開始。

飲食事業などにも取り組んでおり、複合的な事業展開となっています。

さらに、閉校から本格的事業開始までには平均して5年程度を要しています。前述したように、利活用についての地域の合意形成と施設整備という課題を解決するためには時間が必要ということだと考えられます。ちなみに、24事例中5事例が閉校以前からその利活用を議論しています。

以上のことから、廃校の利活用にはかなりの時間を有するとともに、持続可能な取り組みにするため事業展開（もしくは行政との連携）をじっくりしっかり考えなければいけません。

注

（1）まちむら交流きこう『2008年度廃校活用アンケート調査結果報告書』2009年、『廃校施設の実態及び有効活用状況等調査研究報告書』2003年、『全国廃校活用事例集』2012年などを参照。
（2）まちむら交流きこうの畠山徹氏には全国の廃校利活用の現状について多くの示唆を賜った。

## Ⅲ　地域づくりを基礎とした廃校利活用の取り組み―秋津野ガルテンの取り組み―

今回取り上げる「秋津野ガルテン」の取り組みは、専門家が推薦する「行って楽しい、再生された廃校12校」（２０１４年、日経新聞社）に選ばれるとともに、これまでも「ソーシャルビジネス55選」（２００８年、経産省）、「第7回オーライ！日本大賞」（２００９年、農水省）、「グリーンツーリズム大賞２０１０優秀賞」（２０１０年、毎日新聞社）といった数々の受賞歴を有しています。また、前出をみると、交流人口は6万人となっており、廃校から事業開始まで2年（協議会設立から5年）という短い期間で取り組みを成功させているようにみえます。しかし、実際は廃校利活用以前から長き日にわたり地域づくりに取り組んでおり、その過程では紆余曲折を経験しています。秋津野ガルテンの取り組みをみるうえで、まず廃校利活用の前史である地域づくりのプロセスについて簡単にみておきたいと思います。

### 1　地域づくりの歴史

#### （1）地域の概要

上秋津のある和歌山県田辺市は２００５年に5市町村（田辺市、中辺路町、大塔村、龍神村、本宮町）が合併し誕生しました。総面積は県の約20％を占め、近畿最大の面積を有しています。人口は約8万人で県下第2の都市である一方、中山間地域を多く有し、少子高齢化も進んでいます。上秋津は田辺市西部に位置する人口約

図４　田辺市上秋津位置図

３０００人の農村地域で、温暖な気候を生かし、ミカン・ウメなどを生産する果樹産地となっています（図４参照）。田辺市周辺は日照時間が長いことから、柑橘をみると、温州ミカン・伊予柑・清見オレンジなど約80種類が生産されており、1年を通じて出荷が可能となっています。また、典型的な農業経営の形態はミカン専作とミカン・ウメの複合作となっています。現在では、農産物直売所、農家レストラン、宿泊事業などの事業を展開し、廃校という地域資源を利活用した地域づくりに取り組んでいます。

## （2）天皇賞受賞（秋津野塾の取り組み）

まずは、「地域づくり」の取り組み経緯を紹介します。

１９８０年以降、旧田辺市の人口が微増減を繰りかえすなかで、上秋津の人口は増加傾向にあり、混住化とともに都市化が進展しました。また、農地の宅地化が進むと

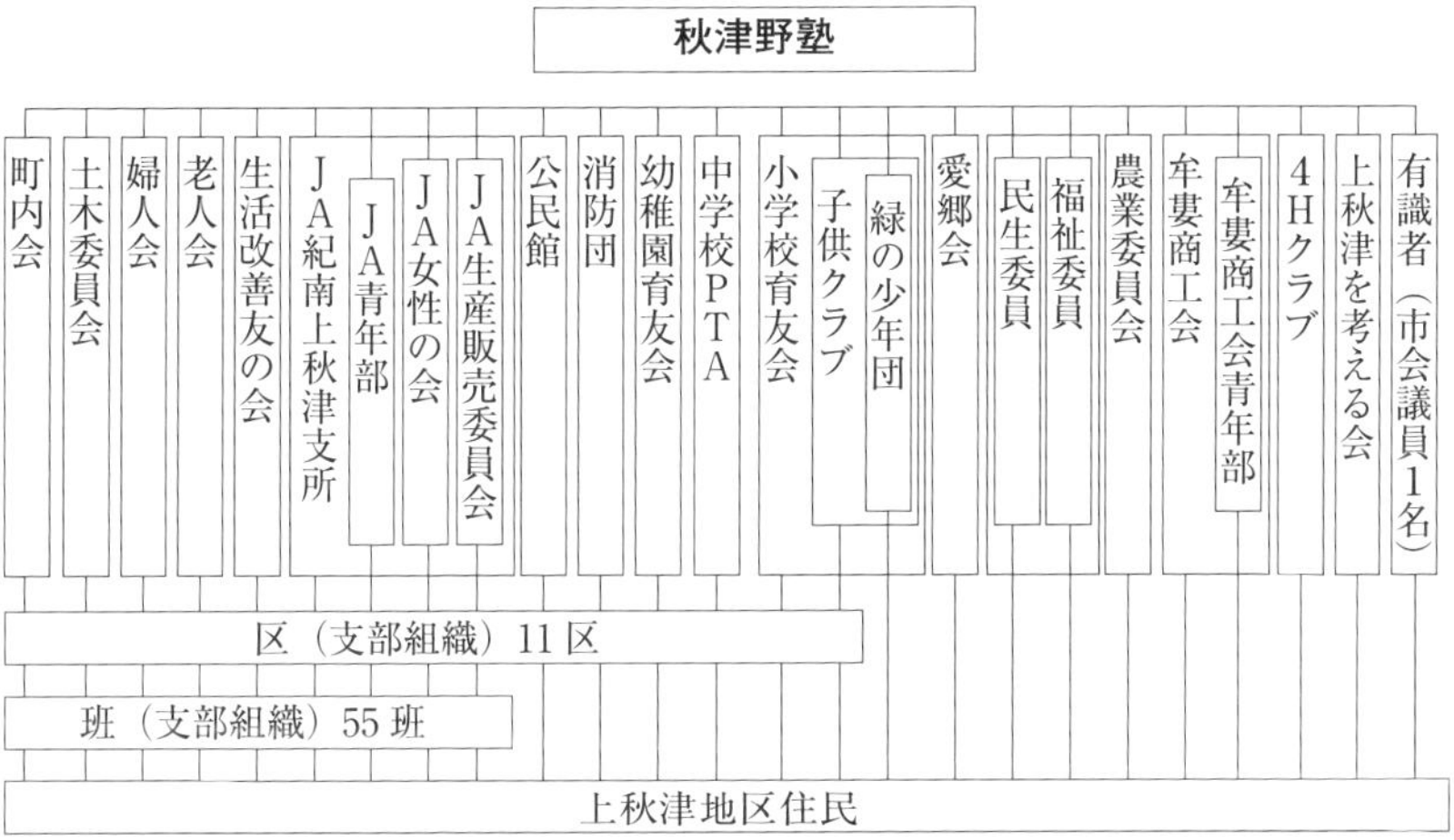


**図５　秋津野塾の構成図**

資料：秋津野塾提供資料より作成

ともに、新・旧住民間でトラブルも起こりだしました。多様な考えの住民が存在する農村となり、地域づくりの必要性を実感しました。人口増加はトラブルの発生というマイナスの側面をもたらす一方で、多様な能力をもつ人材の存在、地域づくりには必要不可欠といわれる〝よそ者〟の存在をもたらすプラスの側面もあると考えました。

このような状況のもと、(農家も非農家も含めた)旧住民は、新旧住民が地域のあり方を議論する場として「秋津野塾」(1994年)を設立しました(**図5**参照)。秋津野塾は「都会にはない香り高い農村文化社会を実現し、活力とうるおいのある郷土をつくろう」という理念と目標を掲げ、町内会、公民館、社団法人上秋津愛郷会[1]、老人会、小中学校PTA、商工会など24の地域にあるすべての団体が加盟し、秋津野塾の決定は地域の全住民の合意であるという地域の共通認識を持ちました。特色は、①地域にあるすべての団体が加盟し縦横に統合された組織であること、②地域の全住民の幅広い合意形成を図る場であること、③各団体が連携しながら「地域力」を高めること、などです。

秋津野塾が設立される以前から、新たな行事や事業へ取り組む際は組織をつくって農家と非農家が話し合い、その方向性を決定してきましたが、新住民の増加にともない様々な価値観が地域内に存在することとなり、地域における問題は多様化、複雑化しました。農を基本とした地域づくりを進めていくために、旧住民は非農家を中心とする新住民の合意を得るため新旧住民の話し合う組織が必要であると考えたのです。つまり、活発な地域づくり活動を展開するためには、地域の全住民の幅広い合意が必要であり、旧村意識といういわゆる「農村体質」を乗り越えて、新旧住民が一体となって、地域づくりを行うことを目指しました。農家と非農家、さらに新旧住民が議論することのできる場があること（また、十分に議論すること）は、その後の地域のあり方を大きく左右しました。

とくに、人口増加は子どもたちに大きな変化をもたらしました。移住してきた子どもの数が旧住民の子どもの数を上回るようになったため、地域の行事も秋津野花まつり、夏まつりなどの子どものためのメニューを増やし、新旧住民の交流の場へ移行させるなどの工夫を行いました。また、農業という地域産業への理解が薄れるなかで、「農業体験学習支援委員会」を結成し、体験教育や食育を通じて地域農業を学び、子どもから大人へと理解の深化に努めました。こういった活動の積み重ねが、農業が農家だけのものではなく、非農家を含めた農を基本とした地域づくりへと展開していくことになりました。

そして、秋津野塾はこれらの取り組みが高く評価され、１９９６年度に近畿地方で初めて「第35回農林水産祭表彰・むらづくり部門」の天皇杯を受賞しました。しかし、上秋津は「天皇賞受賞はゴールではない」を合い言葉として、その後も「終わらない地域づくり」を展開し続けます。

### (3)「上秋津マスタープラン」(2000~2002年)の作成

上秋津では、天皇杯の受賞後も、人口増加と地域住民構成の変化、土地利用の変化と良好な環境の保全、地域の構造・性格の変化、基幹産業の農業における諸問題の深刻化、地域資源の活用と環境・景観のブラッシュアップなどのさまざまな変化や諸問題が発現しました。結成から5年、秋津野塾はさまざまな活動を行ってきましたが、「もう一度、地域を見直し、10年、20年先を見据えて活動する必要があるのではないか」などの意見が出はじめました。そこで、2000年に地域課題の掘り起こしや解決のため、地域マスタープランづくりがスタートします。この際には徹底した地域調査が必要であるとの考えのもと、全世帯を対象とした「上秋津の環境とくらしに関するアンケート」を実施するとともに、各地区や各組織で延べ300人に対するヒアリング調査を実施しました。加えて、「地域社会の構造と意志決定システムに関する調査」として、住民の意思決定などのあり方についてのアンケート(約2000人)、地域高齢者生活調査アンケート、学校および家庭生活調査アンケート(小学校5・6年生と中学生全員)、公民館活動についてのアンケート(公民館利用者)、「上秋津地域の農業の基本方向と活性化策に関する調査」として、上秋津の農業についてのアンケート(農業経営者、青年農業者、農家女性、地域外住民対象)も実施されました。そして、秋津野塾と上秋津マスタープラン策定委員会は、地域を取りまく環境変化に対応すべく、2年半の歳月をかけて向う10年間の取り組みなどの基本方向をまとめた「上秋津マスタープラン」(2002年)を策定しました。マスタープランでは「地域づくりとは、行政依存から脱却し、地域のことは住民自ら考え、決めていくことであり、住民の主体的な取り組みに行政、大学、企業、NPOなどが参加し連携していくことが重要である」との考えを強調しています。そして、地域住民にその内容を理解・実践してもらうために、わかりやすく地域物語風に「秋津野塾未来への挑戦」と題した1冊の本にまとめ、全戸に配布しました。

このプランでは、地域づくりと地域経営の両立や都市農村交流の重要性などが掲げられており、現在の上秋津における農村多角化の「道しるべ」となっています。また、これまでの取り組みを整理するとともに、今後も地域住民自らが、地域の将来ビジョンを考え、実行することを再確認しました。

### (4) 直売所きてらの開設

地域づくりとともに重要である地域経営の取り組み経緯を紹介します。「体験」をキーワードとした「南紀熊野体験博」が1999年に開かれそれをきっかけとして、地域住民から農産物直売所の開設を望む声があがったことから、31人(1人あたり10万円の出資金)の地元出資者が農産物直売所「きてら」を同年開設しました。「きてら」は、「地域づくりは、経済面も伴わなければ長続きしない」、「身の丈にあった取り組みをする」とし、各種補助金を活用せず自己資金のみで設置しました。その特徴は、地域住民による自主的な地域活性化のための拠点施設であり、出資者は農家だけでなく、商業関係者、サラリーマンなどの地域住民であることです。また、マスタープラン策定時のアンケート調査では、専業農家（の女性）から「子どもたちに農業を継がせたくない」との回答が数多くあったため、その解決策のひとつとしての直売や交流活動の拠点としても位置づけられました。

開設当初、売上高は約１０００万円で、その後伸び悩んだ時期もありましたが、地域農産物の詰め合わせ「きてらセット」の商品提案などさまざまな創意工夫をこらした結果、２０１２年現在、出荷者は約３００人、売上高は約１・５億円にもなっています(2)。商品は青果物、花きなど約２００種類におよび、その中心は年間を通じて生産される柑橘類となっており、売上高の約70％を占めています。出荷者に対する手数料は15％、入会金は徴収せず、年会費が年間販売高に応じて６段階設定されており、年間の来客数（レジ通過者）は約６万人となっています。

農家・非農家による農村多角化のスタートとして取り組まれた農産物直売所「きてら」の開設によって、農協や卸売市場出荷への対応が不向きであった小規模農家や兼業農家の出荷先確保が実現するとともに、出荷が「生きがい」となっている高齢者も多く存在します。２００３年には加工品の開発による品揃えの充実や女性の活躍の場の確保を目的として、加工施設「きてら工房」を開設しました。さまざまな女性グループが結成され、女性の活躍の場（地域活動に加え経済活動も）となりました。また、「きてら」の経営を安定化させるとともに、都市農村交流を進めることを目的とした「きてら」応援団「一家倶楽部（いっけくらぶ）」が結成されました。会員数は地域外の23人（入会金10万円）であり、会員へは地域の農産物を詰め合わせにした「きてらセット」や情報誌が送付されるとともに、地域での交流会も開催しています。農業や農村の重要性を理解してもらうためには、上秋津地域内（農家と非農家、新旧住民）だけでなく、地域外との交流も必要になると考えたのです。これが同地域の都市農村交流のスタートとなったのです。２００４年には、これまで農協経由でジュース工場に納入していたミカンの格外品を、無添加、無調整の果汁ジュースとして商品化する計画が持ち上がり、地元出資の第2弾として農家・非農家31人の出資者（1人あたり50万円の出資金）が「俺ん家ジュース倶楽部」を結成しました。ジュースは店舗販売とともに宅配も行われており、順調に売り上げを伸ばし、現在では、直売所売上高の約15％（約２２５０万円）を占めています。「俺ん家ジュース倶楽部」では、農家からの買入価格が農協に比べて比較的高いこと（農協出荷の約5～10倍）から農家所得の向上に繋がっています。

　消費者への直接販売の場としての「きてら」の開設、規格外品の有効利用を目的とした「俺ん家ジュース倶楽部」の結成などの取り組みから、農家に「行動」すれば「成果」は必ずついてくるという自信が芽生え、現在では出荷・販売を含めて地域活性化の方向性について自主的に考える農家が多くなりました。また、その際は自ら出資し、身の丈にあった事業を行ったことが最大の成功要因となっています。こ

表２　地域づくりの歴史（廃校利活用の経緯）

| 年　次 | 内　容 |
|---|---|
| 1957 年 | 『上秋津愛郷会』発足 |
| 1994 年 | 『秋津野塾』発足 |
| 1996 年 | 「天皇杯」を受賞 |
| 1999 年 | 秋津野直売所『きてら』オープン |
| 2002 年 | 秋津野マスタープラン完成（2000～2002 年） |
| 2003 年 | 上秋津小学校木造校舎利用検討委員会発足 |
| 2004 年 | 俺ん家ジュース倶楽部発足 |
| 2006 年 | 『きてら』が法人化（農業法人株式会社『きてら』） |
| 2006 年 | 上秋津小学校新築移転（廃校発生） |
| 2007 年 | 『農業法人株式会社秋津野』発足 |
| 2008 年 | 秋津野ガルテンオープン |
| 2009 年 | 「全国ソーシャルビジネス 55 選」を受賞 |
| 2010 年 | 「オーライ！日本大賞」を受賞 |

れらの取り組みによって、兼業・高齢農家の出荷先の確保（所得向上）、地域の女性に対する新たな就労機会の創出などが実現しており、地域全体への経済波及効果も発生しています。

こうした地域づくりに取り組むなかで、取り壊される予定であった旧上秋津小学校の利活用を検討することとなり、これらの経験が廃校の利活用に大きな影響を与えることとなります（**表2**参照）。

## 2　廃校利活用までの道のり

### （1）木造校舎活用検討委員会の発足

旧上秋津小学校は、1953年に建てられた総2階建ての木造校舎（60m）、学校林（村有）の木を利用し建設された住民にとっても思い入れが強い校舎でした。少子高齢化の影響で廃校になったのではなく、児童数の増加による教室不足と築50年が過ぎ、木造校舎であるため耐震・耐火補強が難しく、危険校舎との認識の下、新築移転となりました。前述のとおり、地域づくりに取り組むことにより同市全体の人口は減少するなかで、上秋津は人口増加がもたらされたと考えられています。

2002年の新築移転決定時、行政の提示した小学校新築移転のための条件は、移転後の小学校は校舎を取り壊し更地にして宅地化することであったため、いったん小学校建築委員会と行政はその条件で合意していました。しかし、改めて地域で検討してみると、「小学校としての役目は終えるが、少し手を加えれば、地域づくりの拠点施設となるのではないか」との意見もでてきました。今後の地域には都市農村交流が必要であるとの内容が盛り込まれた前述の「上秋津マスタープラン」が完成（２０００～２００２年）したこともあり、再度行政と協議することとなりました。

そして、２００３年10月には秋津野塾を主体に「上秋津小学校現校舎活用検討委員会」が発足しました。構成メンバーは、地元だけで委員会を組織すると、小さな視野の検討になる恐れがあるため、地域団体を中心としつつもこれまでのネットワークを駆使し、幅広い人選を行いました。その結果、地元からは「秋津野塾（町内会、愛郷会、公民館、上秋津を考える会、女性の会、生活研究グループ、中学校育友会、小学校育友会など）」、「農協（上秋津女性の会、上秋津生産販売委員会、上秋津青年部、上秋津支所理事、紀南企画部長など）」、「行政（企画広報課、農林課、梅振興課、経済課、観光課、公民館職員など）」、地域外からは、「和歌山大学（生涯学習センター、経済学部、システム工学部、教育学部の各教員）」、「その他有識者（大阪府社会教育委員、千葉県秋津コミュニティー顧問、高知県四万十楽舎楽長、田辺市歴史研究家、上秋津里山の会、奇絶峡整備委員会など）」という構成メンバーとなりました。また、検討内容が多岐にわたるため、「建物再利用・保存部会」、「都市と農村の交流部会（交流連携・安全環境・地域農業の各ワーキンググループ）」、「管理運営検討部会（教育を活かした地域・人づくりシンクタンク的役割そして、完成後の管理運営部会）」の３部会を設置し、詳細な検討を行いました。

### （2）地域における合意形成の過程

その議論の結果、教育・体験・交流・宿泊・地域をキーワードとして、都市農村交流に旧校舎を利活用し、地

## 秋津野ガルテンにおける事業イメージ図

**教育・体験・交流・宿泊・地域がキーワード**

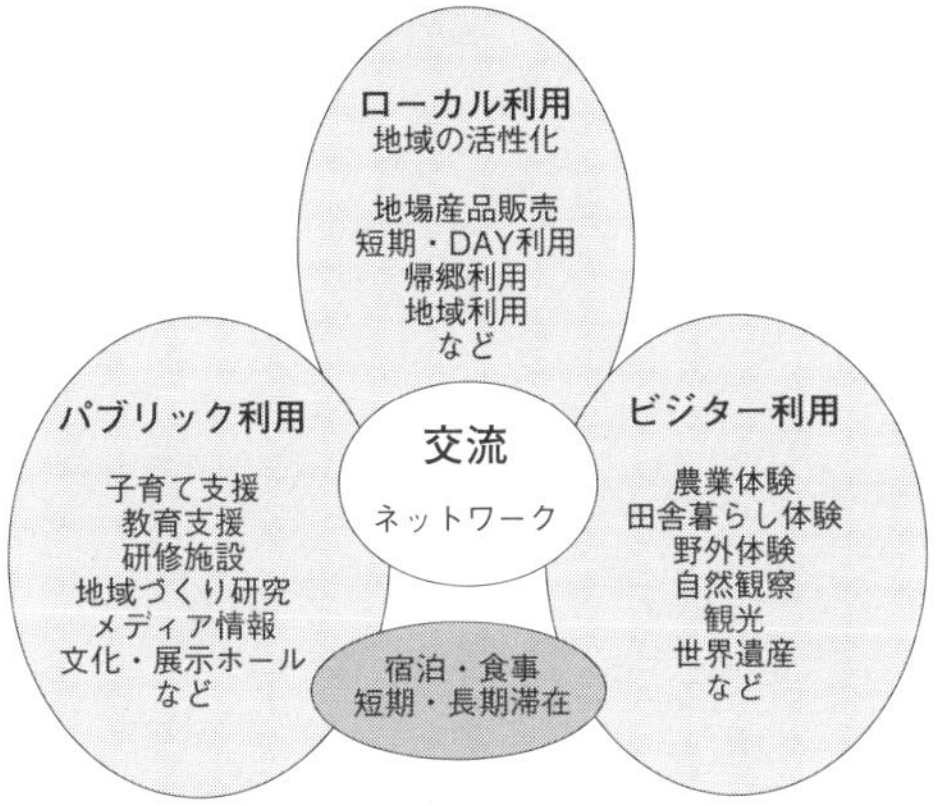


域活性化をはかることが一番望ましいという結果となり、２００４年８月に都市農村交流事業を行政へ提案しました。この提案を受け、２００４年８月～２００５年４月の間、平成の大合併もあり、地域に考える時間が与えられました。そして、「地元でも賛否（ほとんど否定的）の意見が漏れ聞こえる」など決してよい状況とはいえませんでしたが、検討委員会はこの間も計画実現に向け情報収集や勉強をつづけました。

　そして、まずは行政に対して、２００５年４月の新市が誕生するとともに、陳情および事業説明を行った結果、市農林部を中心に行政職員の協力を得ることができました。同時に、廃校利活用はハード施設の整備があるため、これまでの取り組み以上に事業規模も大きく、国からの交付金を利用しないと、地元の資金だけでは事業化が困難であるため、県にも協力要請と事業説明を実施しました。結果的には農水省の「農山漁村活性化プロジェクト支援交付金」が利用できることとなりました。

　一方で、地域住民にも協力要請（利活用の合意）を求める行動を起こします。廃校の利活用や都市農村交流事業は地域住民の理解と協力がない限り難しいため、第1回地区別懇談会を開催（11カ所）し、事業計画の説明を行いました。その内容は、「グリーンツーリズムとは何か（どうしてグリーンツーリズムなのか、どうして秋津野に必要なのか?）」、「運営組織をどうするのか（行政主導（管理委託等）では、計画は実現しない、地域づくりの延長線で、誰でも参加（出資）出来る組織がよい、上秋津にある既存の組織の運営では難しいので新しい組織が必要である、住民出資の会社を立ち上げ、法人化した組織で運営を行う）」、「事業目的と資金調達をどうするのか（地域資源を活かし、農を元気にして地域活性化を目指す、国の交付金利用も行い、県や市にも協力要請、学校跡地を社団法人上秋津愛郷会が行政から買い取る）」といったものでした。

しかし、そんなに簡単には事が進むはずもなく、第1回地区別懇談会では地域住民の理解や賛同は得られなかった。「グリーンツーリズムなんかビジネスにならない」、「こんな中途半端な田舎にお客さんは来ない」、「失敗したら誰が責任をとるのか」、「誰が事業主体なのか」、「面倒なことをしなくても、農産物は良いもの作ったら売れる」、「跡地利用は行政に任せておけばいい」といった反対意見が噴出しました。

これまでの地域づくりの経験から地域での合意形成には時間がかかることは百も承知でした。委員会では準備不足と説明不足を反省するとともに、反対意見がでるということは住民自身が地域のことを真剣に考えだしたことであり、まさに変化のときであると判断しました。その結果「このまま、何もしないで宅地化されるのを待っていても、地域の元気にはつながらない」、「難しくても挑戦することが、地域活性化や人づくりにつながる」と考え、基本的には利活用の方向で結論を出し、再度、基本方針と事業計画を練り直しました。そして完成した事業計画が廃校を利活用した都市農村交流施設「秋津野ガルテン計画」でした。その内容は、「事業主体は住民出資で法人化する（株式会社を起ち上げる）」、「施設整備や器機導入などには交付金や補助金も利用する」、「運営は事業から得られた収益でまかなう」、「都市農村交流事業は複合展開で安定化させる」、「地域資源を全て活用する」、「学校跡地は、行政から地域（愛郷会）が買い取る」、「南校舎と講堂は取り壊す（農家レストラン、宿泊棟を新しく建築する）、北校舎は残し交流体験棟とする」、といったものでした。

一方で、これまでに比べ事業規模があまりにも大きいため、愛郷会が旧上秋津小学校跡地の買い取りを議決出来なかった場合と地域住民の出資（目標３０００万円以上）が集まらなかった場合はこの計画を進めないことも確認されました。

事業化への地域合意に向け、再度、11地区で説明会が開催されました。事前に、上秋津全世帯に計画書を配布し、説明を行いました、地域農業の衰退がさらに進展し、農家も地域も不安を抱きはじめたことから、「少しでも地域や農業に元気が残るうちに取り組む」、「個人の利益のためではない！」、「地域の未来のための事業である」という説明でした。

## 3　地域づくり拠点「秋津野ガルテン」の誕生

### (1) 事業化へ向けた2つの条件をクリア

行政との話し合いは、学校用地は地域が旧校舎と土地を約1億円で買い取ることに加え、地域で運営会社も立ち上げるということでまとまりました。まず、「木造校舎活用検討委員会」を「建設委員会」に昇格させ、土地建物の買い取りを愛郷会に要望することを決め、委員による集落ごとの事業説明が再度実施されました。もちろんここでも厳しい意見が飛び交いました。このような状況のもと、愛郷会(会員500人)による総会が開催されました。当然、「事業に失敗した場合の責任は誰がとるのか」といった厳しい意見とともに、「現在は人口が増加傾向だが、産業である農業が衰退するといずれ過疎の町になるだろう」、「行政も積極的に取り組む地域には応援はある」、「何もしないと何も残らない時代だ」などの賛否両論の意見が飛び交った。すると突然、70歳くらいの高齢者が「建設委員会に地域の将来を託してはどうか」と発言しました。この意見に促され、採決は買い取りで決し、ひとつめの条件をクリアすることとなりました。

もうひとつは、資金調達でした。当初からこの事業の建設費は1億円が限度であると事業計画で位置づけていたことから、国の交付金などを調査、農水省の「農山漁村活性化プロジェクト支援交付金(交付率は50%)」を活用することにしました。また、県や市にも相談した結果、建設費75%の支援を受けることとなりました。もちろん残りの25%は地域(建設委員会)で用意する必要があり、法人設立を前提として建設委員が地域全戸に事業計画書を配布、全集落で改めて説明会を開催し出資者を募りました。委員会において、地域に出資しなければ地域はよくならないとの考えのもと、出資は地域内であれば誰でも参加出来る金額（1口＝2万円、最大25口＝50万円）と設定するとともに、「きてら」の取り組みの経験をいかして、地域外からも応援を得ようと、応援団の株（A種議決権制限株式）を発券することとしました。ここまできても、やはり事はうまく進まず、なかなか出資者が現れない状況が続きます。しかし、新しく転入してきた女性たちの「私たちも地域づくりの夢に参加できるのか」などの言葉に勇気づけられたこと、更に、建設委員会が早朝会議（午前7～8時に連続3日間）を開催し、地域での意識統一と参加呼びかけに努力したことで目標金額に達しました。これにより、廃校利活用は本格的に始動することとなりました。

### （2）農業法人株式会社秋津野の誕生

2007年、「きてら」、「俺ん家ジュース倶楽部」の事業を段階的に展開してきた上秋津に新たに地域内外からの出資を募り、農とグリーンツーリズムを活かした地域づくりを目的とした運営会社「農業法人株式会社秋津野」（資本金3330万円、株主数298人）が誕生しました。施設改修工事が進められるなかで、資金不足が発生したことから、さらなる増資を行い2008年には資本金4180万円、株主数489人（地域内290人で1190株、地区外199人で900株）となりました(3)。そして同年10月には、農家レストランや宿泊事業などといった都市農村交流事業を展開する拠点である旧上秋津小学校を利活用した「秋津野ガルテン」が完成し

## 農業法人株式会社秋津野の開設までのプロセス

**木造校舎活用検討委員会を発足**

利活用の有無を議論

↓

**秋津野ガルテン建設委員会を発足**

本格的な計画書づくりや、行政（農水省・県・市）との交渉
地域住民への説明、愛郷会や地元組織との交渉

↓

**発起人委員会を組織**

株式会社を設立するための発起人を、各地区で集め、住民に協力を要請

↓

2007年6月19日
資本金3,330万円　出資者298名
農業法人株式会社秋津野が発足
取締役員会が発足

→

2008年9月30日（増資）
資本金（増資後）　4180万円　489名
地区内290人　1190株　議決権あり
地区外199人　900株　A種議決権制限株

秋津野ガルテン

ました。「秋津野ガルテン」は「秋津野の庭」（ガルテンはドイツ語で小さな庭）を意味し、地域住民が中心となり事業を展開していこうとの気持ちが込められています。

困難を極めていた出資金がどうして集まったのか。その理由を委員に尋ねると、「校舎という地域の宝物の力ではないか」、「新しい施設を建て事業をはじめる計画では資金は集まらなかった」、「住民はこの校舎を自分の家のようなに大切な場所として思っている」、「廃校舎の生まれ変わる姿（夢）を見たかった」との回答でした。委員会の努力とともに、廃校という地域資源であったからこその結果だと考えられます。

## 4　秋津野ガルテンの取り組み内容

農業法人株式会社秋津野の取り組みは、農家レストラン「みかん畑」、宿泊施設（和室、４人部屋が６室、８人部屋が１室で宿泊定員32人）、市民農園、みかんの樹のオーナー制度、農作業体験・加工体験、地域づくりの視察受け入れ、「地域づくり学校（人材育成塾）」の開設と多岐にわたります（**表３参照**）。２０１２年度における「秋津野ガルテン」の年間売上は約６０００万円、交流人口は約６万人（うち農家レストラン５万２０００人、宿泊者数２３００人、体験利用３５００人）となっており、「きてら」とあわせて約12万人もの人々が訪れ、地域のにぎわいとともに地域経済の活性化にもつながっています(4)。

表３　秋津野ガルテンの主な取り組み

| 事　業 | 内　容 |
|---|---|
| 食育・食農教育事業 | 旧校舎を利用した各種体験、農家民泊にける農村体験など |
| 農家レストラン事業 | 「みかん畑」でのスローフードバイキング |
| 宿泊事業 | 農ある宿舎秋津野ガルテンでの宿泊<br>（別途、14戸の「秋津野農家民泊の会」） |
| オーナー樹事業 | 情報提供型オーナー制度 |
| 貸農園事業 | 市民農園の貸付 |
| 地域づくり研修事業 | 地域づくり学校の開設 |
| その他事業 | みかん資料館「からたち」、お菓子体験工房「バレンシア畑」<br>（直売所「きてら」運営）など |

## （１）収益を目的とした事業

農家レストラン「みかん畑」は地域の女性（約30人）によって運営されており、客席数は20席となっています。農家レストラン開設にむけて「上秋津農家レストランを考える会」を設置し、検討や視察そして試作を重ねた結果、開設されました。また、地域の農業を元気にしたいという考えから、地域食材にこだわり原価率は50％近くにも達しています。昼食時のバイキング（料金９５０円）は、「スローフード」、「郷土料理」、「地産地消」をキーワードとしたメニューで年間平均して１日あたり１００人という来客で連日賑わいをみせています。もちろん、宿泊者の朝食や夕食・宴会、お弁当などの対応も行っています。

市民農園については、耕作放棄地であった農地が活用され、64区画（１区画あたり約30㎡で利用料金３万円）が用意されています。現在、30区画が利用されており、利用されていない区画については、農園部が農家レストランへの納品を目的とした野菜づくりを行っています。農家レストランでは地域女性の新たな雇用がうまれているとともに、農家レストランへの食材提供のため、野菜などの生産が少しずつではあるが増加し、耕作放棄地の解消や高齢者の営農意欲の向上にもつながっています。

みかんの樹のオーナー制度については、毎年募集があり、料金は3万円となっており、現在では関東地方を中心に約300人のオーナーがいます。農作業体験・加工体験については、料金はメニューによってさまざまであり、「ミカン狩り」、「ウメ採り」、「ミカンジュースづくり」、「ミカンジャム」などの農作業体験・加工体験があります。

これまでも「きてら」では、「一家倶楽部」の結成や農業体験の提供などにより、消費者と生産者が交流する場を提供してきました。消費者が生産現場をみて農業を体験することで地域の農産物に対して一層の愛着と安心感が生まれるほか、地域の魅力の理解促進にもつながっています。これまでの取り組みが「秋津野ガルテン」開設によって一層進められ、消費者を地域へのリピーターとして確保することが可能となっています。

### （2）人材育成を目的とした事業

地域農業の担い手として、新規就農者の養成を行っています。単に、市民農園における野菜づくりや地域の農家での実習による営農指導だけにとどまらず、経営感覚（多角化）を身に着けるため「きてら」や「みかん畑」での販売実習も合わせて行いました。3年間の研修の結果、Uターン・Iターン合わせて3人の若者が新規就農を実現させました。

さらに、秋津野ガルテンのオープンと並行して、全国で地域づくりを行う団体と長年積み上げてきた地域づくりの経験を共有することを目的とした人材育成の場として「秋津野地域づくり学校」（2008～2010年度、

**農家レストラン「みかん畑」開業までのプロセス**

上秋津農家レストランを考える会を設置
メンバーは『きてら工房』利用の女性チーム＋ガルテン建築委員会

とにかく
農家レストランを見て聞く

モクモク風にふかれて、この花ガルテン、ぶどうの木など
事前に視察先にヒヤリング事項を伝え調査も行う

不安の解消が小さな自信へ

とにかく
農家レストランを試してみる

メニューを持ちより実践、地元住民をお客様に招いて様々な想定を考え、農家レストランを実践してみる

農家レストランを業者委託してしまえば、楽だが・・・

農家レストランを考える会に参加したメンバーに、農家レストラン運営者募集

農家レストラン「みかん畑」開業

経産省事業）、「紀州熊野地域づくり学校」（２０１１～２０１３年度、市委託事業）を開校しました[5]。講義やフィールドワークなどから地域づくりに関する知識を得ることや現地研修会や夜の交流会で地域づくりの本音を知りネットワークを構築することはもちろんのこと、地域課題を掘り起し実証的に課題解決に取り組むことで新商品の開発にもつながっています。そして、今年度（２０１４年度）からは、和歌山大学と連携した「地域づくり戦略論」（座学）と前年度までの取り組みを活かした行政と連携した「実践事業」（フィールドワーク）の組み合わせで地域づくり学校を継続しています。

### （３）地域内組織との連携事業

２００９年には秋津野ガルテンの宿泊定員の補完を目的として「秋津野農家民泊の会（14戸）」が結成されました。農家の暮らしを伝える教育旅行の対応を中心としつつ、

労働力の補完を目的としたワーキングホリデー導入に向けての検討を進めています。

２０１０年には、お菓子づくり体験の提供とスイーツの開発と販売を目的とした「バレンシア畑」（「きてら」運営）を開設しました。新たな女性の雇用の場となるとともに、来訪者の滞在時間の延長やジャム・ケーキなどの新商品開発による土産需要への対応によって新たな経済効果もうまれています。また、２０１２年には地元の農家グループ「紀南晩柑同志会」が、ミカンやミカンを生み出す地域文化を紹介し、地域の再発見や交流人口の増加を目的としたみかん教室（博物館・資料館）「からたち」を開設しました。地域のミカン栽培の歴史や栽培されているミカンの種類ごとの写真と説明、系統図、栄養価や利用法など地元農家らが収集、整理した貴重な資料を展示しています。「からたち」から「バレンシア畑」（もしくはその逆）の動線もうまれています（図６参照）。さらに、

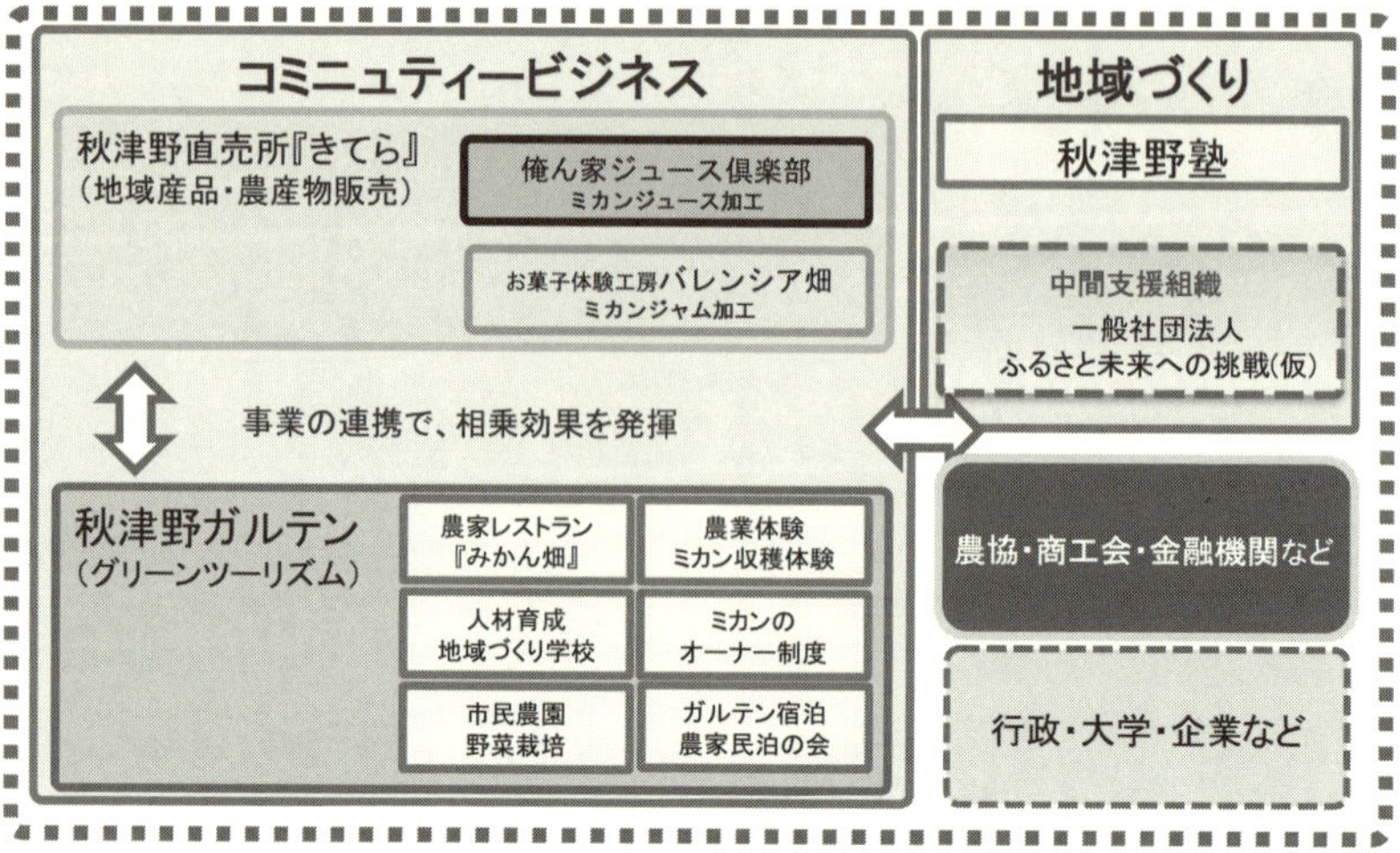


図６　上秋津の組織連携図

再生可能エネルギー（太陽光）事業を軸として、地域内外の組織連携（コーディネート）を行う中間支援組織として、「一般社団法人ふるさと未来への挑戦（仮称）」を設立する方向で議論を進めています。

以上のように、田辺市上秋津では「地域づくり」と「地域経済」の両立による地域活性化が進められており、地域内外の組織連携のもと、自分たちで考え、自分たちで出資し身の丈の事業を展開することで「終わらない地域づくり」に取り組んでいます。そして、廃校を負の遺産ではなく、地域資源とみなし、地域づくりの活動拠点と位置づけています。

地域の実情や運営主体などによって、廃校利活用はさまざまではありますが、本事例は地域づくりの経験を活かした利活用であり、まさに廃校利活用における「秋津野モデル」といえます。

## 注

（1）上秋津愛郷会（1957年発足）は、旧上秋津村が昭和の合併で牟婁町になる際に生じた700ヘクタールに及ぶ村有林を地域の財産として守り、そこで得た利益は「教育の振興」「住民福祉」「環境保全」などの地域の公益にのみ使うこととし、小学校、中学校の改築を機に旧文部省管轄の社団法人（2012年からは公益社団法人）としました。村有財産をすべて地区民のものとし、上秋津愛郷会に所有権を移した社団法人の設立は国内初の画期的な試みでした。社団法人上秋津愛郷会の結成により自主財源を確保したことが、上秋津の地域づくりに大きな影響を与えました。

（2）2006年に資本金1000万円で農業法人株式会社「きてら」として法人化、2010年には「俺ん家ジュース倶楽部」と経営統合し、資本金2830万円となっています。

（3）2013年には、アグリシードファンドの投資を受け入れ、資本金は5180万円となり、新たに地産地消のエネルギー事業にも取り組んでいます。

（4）「きてら」と「秋津野ガルテン」を合わせ約12万人に上る来訪者がありました。この数値をもとに、地域にもたらされた経済効果を和歌山大学との共同研究により推計したところ経済波及効果は約10億円となっています。

（5）地域づくり学校については、「秋津野地域づくり学校　地域づくりを志す人のための手引書」農業法人株式会社秋津野、2010年、岸上光克・藤田武弘「農山村地域における人材育成事業の現状と課題―ツーリズム大学の取り組みを事例として―」農業市場研究22（1）、2013年を参照。

# Ⅳ　廃校利活用のプロセスからみる地域づくり

## 1　「秋津野モデル」のプロセスからみる廃校利活用の特徴

廃校利活用の過程で大きな問題となる地域での合意形成と資金調達について、秋津野ガルテンの事例をみて明らかなように、常に地域づくりに取り組むことで「スムーズに」とはいかないまでも、その解決法が見いだせることがわかったと思います。その特徴を整理してみたいと思います。

### (1)　経験の積み上げで解決

廃校利活用までの取り組みによって、地域が学んだことは、①秋津野塾の取り組みにより住民合意形成の手法を学んだこと（子どもを中心とした各種イベントによる農家と非農家という住民間の合意形成、農村における新しい風（新住民・非農家）の重要性など）、②マスタープランの作成により地域調査や地域計画の重要性を学んだこと（計画策定による目的設定の重要性など）、③直売所きてらの取り組みにより地域経営の手法を学んだこと（地域経済、組織づくりの重要性、加工品開発、女性の活用、地域外の応援団の必要性など）であると考えられます。①や②の経験は、廃校利活用までの道のりで、多くの厳しい局面に直面するも乗り切ることができたこと、その際には自分たちが何のために廃校利活用に取り組むのかという当初の目的を確認することができたことにつながっています。特に、農を基本とした地域づくりを目的とした廃校利活用であることから、基本的には地域食材のみの農家レストランをみると、通常の経営を考えれば30％程度とされる原価率が50％近くとなっている点は注目に値します。③の経験は、農家レストランの開設や体験メニューの提供など小さくても身の丈にあった経済活動を行うことにつながっています。

さらに、農家レストランでは直売所開設時の加工品開発に取り組んだ女性グループが運営していること、ミカン収穫体験では地元小学生に農業体験を提供していた農家が中心となっていることなどは注目すべき点となっています。地域づくりの経験（さまざまな非営利の活動経験）を経済活動につなげるということです。

### (2) 地域資源「ヒト」の利活用

上秋津における地域資源と言えば、年間通じて栽培される80種類にもおよぶミカンであり、加工品開発にとどまらず、ミカン収穫体験や農家レストランの名称「みかん畑」といった細部にまで活用しています。さらに注目すべき点は「ヒト」であり、地域内にはさまざまな技術や能力を持った人材が存在し、彼らの能力を最大限に利活用しています。女性の就労の場をみても、農家レストランでは農家女性は朝食夕食対応、非農家の女性は昼食対応であり、幅広い年齢層が働くことができています。スイーツ工房では商品開発などに意欲的な比較的年齢層の若い女性が働くことができ、宿泊施設の清掃では宿泊客がいるときのみの仕事となるため自由度が高い女性が働くことができています。といったように各自の生活スタイルに合わせたかたちで働くことができる体制となっています。また、市民農園や農園部における営農指導を定年退職した行政職員（農業試験場や普及員）に、みかん教室「からたち」のイラストデザインを地元学校の元美術教員に依頼するなど地域の人材を総活用しています。

### （3）行政との協働

廃校の利活用に向けては行政との協議が必要不可欠となります。秋津野ガルテンでみると、廃校利活用に際してさまざまなハードル（特に施設整備の過程）をともに解決してきたことがわかります。しかし、紙面の関係で詳細な記述は避けますが、利活用までの合意形成の過程において、行政とは紆余曲折あったことも事実であり、当然そう簡単にはいきません。しかし、常に「行政からの自立」や「行政抜きでの議論」ではなく、「協働」を意識してきました。この間、行政との関係をみると、検討委員会メンバーとして参画、施設整備に関わる補助金、地域づくり学校の実施（委託事業）と地域コーディネーターの配置があり、現在も教育旅行やワーキングホリデーの実施というかたちで連携は続いています。多様なかたちの行政支援を活用しつつ、協働することで、廃校利活用（による地域づくり）に取り組んでいます。危機的状況にある農山村において、地域と行政がもがき苦しむなかから、具体的な協働のあり方が見出されるように思います。

### （4）地域への波及効果

一般的に廃校の発生は地域にとって衰退しているというイメージとともに、利活用に向けてはかなりのリスクを負うことになります。そのため運営管理を行政に任せたり、利活用しない方が楽とも言えます。しかし、創意工夫を凝らし利活用することにより地域にさまざまな効果がもたらされています。もっともわかりやすい数字を示すとすれば、秋津野ガルテン（「きてら」も合わせると）の開設により、50人をこえる雇用が発生しています。また、前述の農家レストランにおける原価率50％や経済波及効果10億円という驚くべき数字からもわかるように、決して地域に大きな家やビルが建つのではなく、地域農業（地域経済）の活性化につながっています。特に、都市農村交流事業への取り組みにより消費者のナマの声を聴いたり、事業の進め方を農家自身で考えることにより、地域や農業について「考える農家」を生み出しています。そして、最も大きな効果は「何もしないよりよかった」、「こんな田舎にもたくさんの人が来る」、「自分たちのつくる何の変哲もない料理をおいしいと言ってくれる」といった地域の声からもわかるように、地域のシンボルである廃校で交流事業と経済事業が行われることによって、地域への「誇り」を取り戻したことではないでしょうか。

## 2　多様な利活用プロセスの可能性

全国で多様な廃校利活用がみられることは確認しましたが、そのすべてが「秋津野モデル」のように地域づくりから廃校利活用に展開したのでしょうか。そうではない例もたくさんあります。次は、廃校利活用を契機として地域づくりに取り組む「きくちふるさと水源交流館」を紹介します。

表４　廃校利活用の経緯

| 年　次 | 内　容 |
|---|---|
| 2000年 | 菊池東中学校の閉校（廃校発生）<br>菊池東中学校跡地利用促進協議会の発足 |
| 2002年 | 利活用に関する基本計画策定 |
| 2003年 | NPOこどもあーとへ事業委託（水源交流館の開設） |
| 2004年 | NPOきらり水源村の設立（利用促進協議会を前進とする）<br>NPOきらり水源村への管理委託（ふるさときくち水源交流館プレオープン） |
| 2006年 | 指定管理者制度によりNPOきらり水源村が行政と監理・運営協定を締結 |

きくちふるさと水源村

（１）廃校までの道のり

菊池市水源は、人口は１０７３人、３３２世帯で、市街地より東へ約７㎞の中山間地域であり、少子高齢化や農業の後継者不足などの問題も深刻化しています。このような状況のもと、２０００年３月に旧菊池東中学校が閉校となり、同年６月には校舎の有効活用について検討するため各区長および代表者で組織された「菊池東中学校跡地利用促進協議会」が結成されました（**表４**参照）。同学校は、地域の人が河原から石を運んできて校舎の基礎をつくったり、村有林を活用して建設されたことから、地域にとっては「自分たちの学校」という意識が非常に強く、校舎を保存したいという想いがありました。その後、協議会で検討を重ねた結果、農水省の「やすらぎ空間整備事業」を活用し校舎保存と利活用を行うこととする要望書を行政へ提出しました。

２００2年度には、同協議会が都市農村交流を目的とする研修施設として校舎を活用するという基本計画を策定しました。そして２００3年にはグリーンツーリズムに関する企画運営業務を「ＮＰＯ法人九州沖縄子ども文化芸術協会（以下「こどもあーと」）」へ委託し、「きくちふるさと水源交流館」の事務所を開設しました。市と協議会は、はじめて取り組むグリーンツーリズム活動をサポートしてもらうために、その企画運営業務を外部へ委託し、ソフト開発や人材発掘などの取り組みが進められました。この取り組みを契機に、協議会では、グリーンツーリズム事業やＮＰＯ法人化についての検討を重ね、11地区すべてをめぐって協議会からＮＰＯ法人化することの合意を得ました。運営団体については、任意団体である協議会では専従職員がいないため物事が進まないこと、法人格がないため補助金の申請が難しいことなどの制約があり、また、企業では営利目的となるため地域住民の反発が予想されました。ＮＰＯ法人化に際しては、認知度が低く不信感を持たれましたが、非営利組織であることや区長が役員を務めることを提示することで地域の理解を得ました。

そして、２００4年1月には、都市農村交流、子どもの体験活動、農林業の振興、環境保全などの活動を通じた地域社会形成と社会全体の公益の増進に寄与することを理念とした「ＮＰＯ法人きらり水源村」（年会費は賛助会員3万円、正会員５０００円、協力会員１０００円）が設立され、同年4月には「きくちふるさと水源交流館」が仮オープンしました。２００6年9月には指定管理制度により「ＮＰＯ法人きらり水源村」が行政と管理運営の協定を締結しました。

表5　菊地水源村の主な取り組み

| 事　業 | 内　容 |
|---|---|
| 地域活性化事業 | 史跡発掘、神楽継承、水源ブランド開発、農産物販売所づくりなど |
| 都市農村交流事業 | 貸農園、農業自然観光・体験プログラム、親子の農業体験など |
| 自然体験支援事業 | 子どもの自然体験活動援助など |
| 自然環境保全事業 | 有機栽培研究、新規就農受入支援、国際ワークキャンプなど |
| 委託事業 | きくちふるさと水源交流館指定管理業務委託 |
| その他事業 | 農産物・加工品販売、宿泊・食事の提供など |

## (2) 現在の取り組み

NPO法人の特徴として、集落住民が全戸参加していること、地域に根差していること、校区コミュニティーで展開していること、交流・対流を積極的に促進していること、収益活動と公益活動を併せ持つこと、持続可能な地域経営を目指していることがあげられています。水源村では実に多様な事業を展開していますが、最初に取り組んだことは「きらり人」と呼ぶ「キノコ採り名人」や「料理名人」など地元の達人たちの発掘であり、それらを子どもたちに伝える場として水源村を活用することでした。ここで地域資源「ヒト」を掘り起し、農産物・加工品などの販売事業と施設・宿泊・食事提供事業という経済活動に発展させています。2012年度の来館者数は1万3000人、宿泊者数は1600人、食堂利用者は5000人となっており、事業収入は3000万円となっています。

事業内容をみると(**表5**参照)、①地域活性化事業(水源食の文化祭、岩下神楽子ども教室、水源手仕事おこし活動、食の樂校、食の聞き書き調査など)、②都市山村交流事業(菊池おいしい村づくり(1泊2日の体験事業)、各種体験プログラム事業など)、③自然体験活動支援事業(水源子ども村(4泊5日の体験事業)、きらり人(地域体験指導者)養成など)、④自然環境保全事業(新規就農者受入支援、耕作放棄地再生モデル事業など）、⑤指定管理業務受託事業（交流館、グランド）があります。またその他の事業として、農産物・加工品などの販売事業と施設・宿泊・食事提供事業があります。地域活性化の実現のためには外貨を獲得することが重要ですが、水源村ではその前に外にお金を出さない仕組みづくり、つまりお金を貯め込まずに地域で循環させることを重視しています。その意識のもと販売事業と施設・宿泊・食事提供事業による本格的な外貨獲得を目指しています。

### （3）廃校利活用の特徴

①行政との協働

きらり水源村の場合は、協議会の議論の結果、利活用することを行政に要望しましたが、当時の行政施策の柱として「グリーンツーリズムの展開」が掲げられており、廃校をその拠点として利用できるのではないかということから強力な支援が実現しています。現在の指定管理制度の導入とともに、事業計画策定のための2年にもおよぶ検討会議（ワークショップや先進地視察）についても予算支援が行われました。

②外部組織や人材との連携

議論を尽くした結果、事業計画を企画立案、実施できる人間が地元にいないことに加え、地元には実施する経験やノウハウがないことが問題となりました。このような状況のもと考えられるのが、「利活用をあきらめてしまう」、「行政に丸投げ」、「時間はかかるが自分で何とかする」ですが、水源村では専門的な組織に外部委託する方法を選択しました。施設管理を協議会、事業企画・実施を外部（「こどもあーと」）に委託するという役割分担をし、計画の実効性を確保しました。この「こどもあーと」は子ども対象の活動や廃校利活用の実践を長年続けてきた実績があり、協議会の基本方針にも沿う団体でした。「こどもあーと」に業務が委託された当時、現地スタッフとして派遣された外部人材は、都市農村交流プログラムなどに関する豊富な経験を有しており、初代事務局長として現在の多岐にわたる水源村の取り組みの実現に大きな役割を果たしました。現在は、そのノウハウを継承した地元女性が事務局長を務めています。

さらに、どうしても事業運営の財源は問題となります。そのためをＮＰＯ法人に助成や融資を行う団体や金融機関を調査し、柔軟性のある新たな財源確保に努めるとともに、国交省や農水省の補助金なども大いに活用しています。その際にも単に「お金」という意識ではなく、今後の「つながり」や「ネットワーク」を意識した活用を心がけています。

# V　まとめ―廃校利活用による地域づくりの方向性―

本書では、廃校利活用のプロセスをみてきましたが、その必須ポイントを3点指摘しておきます。

## 1　廃校利活用の必須ポイント

### (1)「学び」と「交流」の二面性の重要性

学校は社会にでるための知識を身につける「学びの場」であり、学校関係者間の「交流の場」であることは確かです。しかし、地域との関係という視点からみると、以前から多くの指摘があるように、この2つの場はかなり限定的なものとなっています。つまり「学び」については、国語・算数などの学校教育の内容が中心となってしまうとともに、「交流」についても児童・生徒同士や保護者同士となってしまう傾向があります。一方で、いったん廃校となると、学校教育の範囲を超えて、地域との関係が強くなることで多様な「学び」と「交流」の場となります。利活用に向けて、地域の現状と課題を把握する、地域資源を把握する、地域の合意形成をするなどまさに地域の実情に合わせた「学びの場」となっています。同時に、地域内の幅広い世代間や交流事業の取り組みによる地域内外の「交流の場」となっていることも特徴です。地域の子どもが減少し、廃校となっても教育旅行や体験メニューの提供などを通じて地域外の子どもたちが訪れる可能性も大いにあります。このように廃校（利活用）において、地域に求められているリアルな問題を学び、その解決法を探るために多様な人材が交流することが重要です。

本書の冒頭に記載しましたが、既存の学校もこのような視点で地域と連携することができれば、農山村地域においても廃校にならずにすむかもしれませんし、離島の先進地として有名な島根県海士町のように移住者とともに子どもが増えるという現象も夢ではないかもしれません。

## （2）経済的視点の重要性

これまでも地域づくりにおいて「小さな経済」をつくりだすことの重要性は指摘されてきました。廃校利活用においても、自然体験などを提供することで「小さな経済」を実現させていることから「これで廃校利活用は十分だ」と考える団体も数多くありますが、本当にそれでいいのでしょうか。繰り返しになるかもしれませんが、単に廃校を利活用すればいいのではなく、廃校利活用を通じて地域づくりを行うことが重要なのです。つまり、廃校利活用においては、「小さな経済」を発生させるだけにとどまらず、それらを集めて「中くらいの経済」を実現させるための拠点となることも求められています。「秋津野モデル」を筆頭にいくつかの事例ではこれを実現させています。しかし、多くの廃校利活用の事例をみると、「小さな経済」づくりと「小さな経済」をたくさんあつめているといった状況だと思われます。若者の田園回帰が注目されるなかで、若者を中心とする移住者は「複数のなりわい」を併存させて移住定住を実現させています。彼ら自身の創意工夫はもちろんのこと、更なる定住人口増加や子育て世代を定着させるためには、地域サイドでの環境づくり（中くらいの経済の実現による雇用の確保）が必要であり、「中くらいの経済」の構築は必要不可欠だと考えられます。その際には、地域課題の解決を目的としたコミュニティビジネスやソーシャルビジネスの視点をもって事業展開することが求められます。

## （3）行政との協働の重要性

当然のことながら、地域住民による議論が前提となりますが、行政との協働をどのように実現させるのかということも大きなポイントとなります。廃校利活用の事例の多くは、指定管理業務の委託、補助金での支援、人的支援などさまざまなかたちで行政が支援しています。地域づくりの先進地といわれる長野県飯田市や島根県海士町などでは、行政がさまざまな特徴のある取り組みで地域づくりの支援（協働）を行っています。

今後は「地域資源の見直し」や「地域課題の掘り起こし」を行い、地域内外の交流を通じて、それらを解決する仕組みづくりである地域づくり学校などの実践型人材育成事業は重要な事業だと思われます。継続した取り組みとするためには、行政による一定の支援（人的・財政的）が必要不可欠であり、特に、行政において財政状況が厳しくなるなかで、職員派遣や地域コーディネーターの配置といった人的支援が求められているのではないでしょうか。また、新たな事業を展開するのではなく、公民館活動や生涯学習行政のなかで実践型の人材育成を行うことも可能だと思います。「秋津野モデル」を有する田辺市の生涯学習においても従来のカルチャー型（単に先進事例を学ぶことや地域課題を掘り起こすことなど）に加えて、実践型（実際に参加者の地域で課題解決に向けて行動するなど）の人材育成事業を展開し始めており、このような動きに注目する必要があります。

## 2　まとめ：廃校利活用は「経済波及効果」と「人材波及効果」

本書では、廃校利活用のプロセスを詳細にみてきましたが、地域の合意形成（ソフト面）と施設整備（ハード面）という2つの難関を突破することで、廃校は負の象徴から地域のシンボル（言い換えれば「地域の誇り」）として生まれ変わります。廃校利活用は簡単には実現されませんが、そのひとつひとつの経験が地域に蓄積され、地域づくりに活かされることは間違いありません。もちろん、廃校利活用において展開される飲食事業や宿泊事業を軌道に乗せることも必要ですが、それ以上に地域への波及効果をみることも重要です。秋津野ガルテン単体の事業高は６０００万円ですが、10億円にもなる経済波及効果が示されています。これは農家経済のみならず地域全体の経済循環をもたらしています。

それに加えて廃校利活用のプロセスで、人が人を育て、人が人を呼び寄せるという「人材波及効果」が生まれつつあります。上秋津においても秋津野ガルテンや直売所「きてら」の運営を担う人材が育ちつつあることに加え、地域外の多くの応援団も存在しています。これは、廃校発生までの人口が流出する一方という「負のスパイラル」を、利活用を機に交流人口の増大という「正のスパイラル」に変えたといえます。この動きを全国の廃校利活用で発生させることが重要となります。

最後に確認しておきますが、著者は決して廃校推進派ではありません。廃校を生み出さないための地域づくりの必要性と廃校が発生してしまった場合でもあきらめずに利活用すること（もしくは、仮に利活用できないとの結論に至ったとしても検討すること）で地域再生につながると考えています。廃校利活用同様に、地域づくりは、ある時点から始めるのではなく、思い立ったらすぐに始めなければなりません。また、決して終わることもありません。身の丈にあった取り組みから始め、持続可能な事業展開をめざし着実に一歩一歩、決してあきらめることなく取り組んでいくものだと思っています。

## 【参考文献】


（1）橋本卓爾・山田良治・藤田武弘・大西敏夫編『都市と農村―交流から協働へ―』日本経済評論社、２０１１年

（2）小田切徳美編『農山村再生に挑む』岩波書店、２０１３年

（3）小田切徳美・藤山浩編著『地域再生のフロンティア』農文協、２０１３年

（4）山内道雄『離島発生き残るための10の戦略（第四版）』生活人新書、２０１３年

（5）図司直也『地域サポート人材による農山村再生（ＪＣ総研ブックレットNo.３）』筑波書房、２０１４年

（6）筒井一伸・嵩和雄・佐久間康富『移住者の地域起業による農山村再生（ＪＣ総研ブックレットNo.４）』筑波書房、２０１４年。

（7）増田寛也編著『地方消滅』中公新書、２０１４年

# 〈私の読み方〉　廃校利用と地域づくりの課題

小田切　徳美

## 1　本書の意義

公立学校の廃校利用が、農山村再生の大きな焦点となっている。「平成の市町村大合併」からほぼ一〇年を経て、次は学校統合が進みつつあるからだ。後に述べるように、現在進められようとする一層強力な学校統合は、将来の地域づくりのことを見据えれば、避けるべきものであろう。しかし、廃校がもし不可避であれば、やはり地域での利活用が次に積極的に考えられなくてはならない。

ところが、全体的に見ると、廃校舎やその跡地の利用は、期待通りには進んでいない。肝心の地域の意思決定が困難であるからだと言われている。したがって、廃校利用の地域の意思決定やそのプロセスのあり方を論じることは、今まさに必要なことである。その点で本書は、時宜を得たものと言える。

## 2　廃校利用の意思決定プロセスの重要性

本書の7頁で、著者は廃校と地方をめぐる現在の課題が、「非常によく似た状況に置かれている」としている。どういう意味であろうか。筆者（小田切、以下同じ）なりの解釈を示せば、次の通りである。

筆者らは、農山村が再生に向かうプロセスの研究を進めている。そのひとつの結論は、地域再生は直ちに「V字」型の展開をするものではないことである。それは、なべ底が長い「U字」型のプロセスを経るのが普通である（拙著『農山村は消滅しない』、岩波書店、二〇一四年）。

このプロセスが、廃校利用に「似ている」のであろう。すなわち、廃校のインパクトの中で地域は揺らぎはじめ、少しずつ地域に「諦め」が広がっていく。しかし、廃校をめぐる地域の議論の積み重ねは、その地域の後退傾向に歯止めをかけるような役割を果たし、あたかも右下りのカーブが平らになるような状況となる。ここで重要なことは、この平らな部分が予想以上に長期間にわたることである。具体的には数年ほどの年月がかかり、その後、はじめて最終的に事業を行うことができる。ここで、ようやく地域の力は回復に向かう。しかし、このプロセスがなければ、そのまま廃校の負のインパクトに加速され、地域はますます衰退する可能性がある。

それでは、このプロセスには何が必要であろうか。それを教えてくれるのは、まさに本書のメインパートを占める和歌山県田辺市秋津野地区の事例である。秋津野地区は、地域づくりの事例として、特に著名である。本文で触れられているように、「農林水産祭・むらづくり部門」で天皇杯の受賞に輝いたのは、むしろ廃校利用が始まる以前であった（一九九六年）。

つまり、本書で取り上げられる農業法人・秋津野ガルテンの設立とそれによる廃校の特徴的な利用は、すでにトップランナーの位置にある地域の新たな挑戦であり、それに焦点をあてた本書はひとつのルポルタージュとして読むことも可能である。この地域が、予想される様々な課題をどのように乗り超えたのか、興味は尽きない。そして、この地域に長らく密着している著者は、その期待に応える詳細な状況を紹介している。

そうした観点から注目されるのは、秋津野地区における熟議のプロセスである。「熟議」とは、「様々な関係者が本音をぶつけ合い、課題解決に向けて徹底的に議論をすることにより、合意を形成すること」と解説されるが、ここではまさにそれを見ることができる。特に、二〇〇三年の「小学校現校舎活用検討委員会」の設立から、最終的に必要の資本金（増資後）が集まった二〇〇八年九月までの過程には驚かされる。これだけの時間とエネルギーを使い、しかも意外にもこの過程は試行錯誤の連続である。とりわけ、重要な指摘は、地区懇談会における「反対意見」へのリーダー達の対応である。彼らは、「反対意見がでるということは住民自身が地域のことを真剣に考えだしたことであり、まさに変化のときである」と考えたという。

こうしたプロセスが、トップランナーの秋津野でも起こっていることは重要であろう。つまり、どの地域でも、本来的には地域の意思決定には時間がかかる。問題は、その時間の経過の中で、諦めてしまうのか、そうではなく常に目標を掲げ、「2歩前進1歩後退」のような歩みで、着実に前進するかである。

秋津野地区のこの試行錯誤を乗り超える推進力が、この地が持つ「地域力」そのものであり、反対意見を歓迎するリーダーの対応にそれを見ることができる。そうであれば、地域づくりの歴史が長くない地域で、それを補う力が必要である。それが行政や外部人材なのであろう。著者が、秋津野と対比的に、熊本県菊池市の事例を出しているのはそのことを意図しているように、思われる。

## 3　学校区をめぐる問題

著者も指摘しているように、ごく最近、中央省庁による公立小中学校の学校区再編の新たな動きが始まった。それにより、広大な学校区が標準化し、急速に学校統廃合が進む可能性がある。その背景には、地方部、とりわけ農山村の小規模校の「割高」な財政支出を削減する意図がある。

しかし、小中学校は、本書でもたびたび強調されているように、地域のシンボルである。また、本ブックレットの姉妹編『移住者の地域起業による農山村再生』(筒井・嵩・佐久間著)でも見たように、都市に居住する若い世代の農山村移住と起業は急速に活発化している。その移住者にとっては、病院と同時に、学校は欠かせない存在である。なかには「子どもを小規模校で教育を受けさせたい」として農山村を目指す移住家族もいた。この点で、その政策は、農山村の地域づくりを直撃する可能性がある。公立学校を巡る問題は、今後ますますクリティカルな問題となることが予想される。

なお、その際、学校と地域との問題を考えるにあたっても、本書には重要な指摘がある。それは、現存する学校の「学びの場」や「交流の場」という機能が、現実的にはかなり限定されていることである。意外と、学校の学びの領域は狭く、また地域との交流も制約されているケースが少なくない。そもそもこの状況の改善から始めなければならない。つまり、現在の学校における「多様な学び」と「外に開かれた学校」づくりを、地域において、より進めることなくして、地域の力で学校を守ることも、そして仮に守れなかった時に、積極的に地域で廃校を利用することもできない可能性がある。本書からはそうした貴重なメッセージも発せされている。

**【著者略歴】**
岸上 光克 ［きしがみ　みつよし］

〔略歴〕
独立行政法人水産大学校水産流通経営学科講師。1977年、兵庫県生まれ。専門は地域経済論、食品流通論、都市と農山漁村の交流・協働。大阪府立大学大学院農学生命科学研究科博士後期課程修了。博士（農学）。

〔主要業績〕
『地域再生と農協』筑波書店（2012年）単著、『やっぱりおもろい！関西農業』昭和堂（2012年）共著、『都市と農村—交流から協働へ—』日本経済評論社（2011年）共著

**【監修者略歴】**
小田切 徳美 ［おだぎり とくみ ］

〔略歴〕
明治大学農学部教授（同大農山村政策研究所代表）。1959年、神奈川県生まれ。東京大学大学院農学生命科学研究科博士課程単位取得退学。農学博士

〔主要業績〕
『農山村再生に挑む』岩波書店（2013年）編著、『地域再生のフロンティア』農山漁村文化協会（2013年）共編著、『農山村は消滅しない』岩波書店（2014年）単著、他多数

JC総研ブックレット No.9

**廃校利活用による農山村再生**

---

2015年1月15日　第1版第1刷発行

**著　者** ◆ 岸上 光克
**監修者** ◆ 小田切 徳美
**発行人** ◆ 鶴見 治彦
**発行所** ◆ 筑波書房
東京都新宿区神楽坂2-19 銀鈴会館 〒162-0825
☎ 03-3267-8599
郵便振替 00150-3-39715
http://www.tsukuba-shobo.co.jp

---

定価は表紙に表示してあります。
印刷・製本＝平河工業社
ISBN978-4-8119-0456-6　C0036

# 「ＪＣ総研ブックレット」刊行のことば

筑波書房は、人類が遺した文化を、出版という活動を通して後世に伝え、人類がそれを享受することを願って活動しております。１９７９年４月の創立以来、このような信条のもとに食料、環境、生活など農業にかかわる書籍の出版に心がけて参りました。

20世紀は、戦争や恐慌など不幸な事態が繰り返されましたが、60億人を超える世界の人々のうち８億人以上が、飢餓の状況におかれていることも人類の課題となっています。筑波書房はこうした課題に正面から立ち向います。

グローバル化する現代社会は、強者と弱者の格差がいっそう拡大し、不平等をさらに広めています。食料、農業、そして地域の問題も容易に解決できないことが山積みです。そうした意味から弊社は、従来の農業書を中心としながらも、さらに生活文化の発展に欠かせない諸問題をブックレットというかたちで、わかりやすく、読者が手にとりやすい価格で刊行することと致しました。

この「ＪＣ総研ブックレットシリーズ」もその一環として、位置づけるものです。

課題解決をめざし、本シリーズが永きにわたり続くよう、読者、筆者、関係者のご理解とご支援を心からお願い申し上げます。

２０１４年２月

筑波書房

## JC総研［JC そうけん］

JC（Japan-Cooperative の略）総研は、JA グループを中心に４つの研究機関が統合したシンクタンク（2013 年４月「社団法人 JC 総研」から「一般社団法人 JC 総研」へ移行）。JA 団体の他、漁協・森林組合・生協など協同組合が主要な構成員。

（URL：http://www.jc-so-ken.or.jp）